彭怡平 撰文·摄影

寻味法国

摄影师的美食之旅

中央编译出版社
Central Compilation & Translation Press
CCTP

| 推荐序 |

完整认识法国菜

　　提到法国菜，就让人联想到美丽的水晶吊灯、烛光、各式晶亮的刀叉，以及需盛装与会才能享用的餐点。当然这是享用法国餐饮的一种，而不是全部的法国餐饮，法国人也不是每天都用这种方法来用餐喝酒的。从某个角度来看，对我们而言，法国菜是一种高昂但却很空洞的料理；也就是说，多数人总习惯把高价位与法国菜联想在一起，但到底什么是法国菜，那可能仍是一个空洞的名词而已。

　　早期台湾的法国菜是由越南厨师引进的，但当年这些所谓的法国菜，其口味与烹调已经过数度易手、调整，与地道的法国菜可说已有相当大的差距。

　　而现在，人们到世界各地旅行的同时，也会品尝到当地的菜肴，渐渐地也有机会到法国亲身体验什么才是法国菜。

　　基本上法国的餐饮可分成四种不同的类别：一是 Café，二是 Bistrot，即所谓法式小酒馆，三是 La Brasserie，四是高级餐厅 Gastronomique。这四种各具特色，其餐饮也各有风味。但在我国，一般人所能想到的法餐就是第四种高级餐厅的法国菜，但是法国人日常生活中最常消费的地方，如 Bistrot 或 La Brasserie 却被我们所忽略。而这两种才是最能显现法国菜的口味与风格的地方。有如我们那些最常去、也能消费得起的、具有特色的餐馆，只有它们才能代表本地餐饮的特色，法国也是如此。

　　不同区域也有不同风格的法国菜，如普罗旺斯、洛林、勃艮第、波尔多、阿尔卑斯山、佩里戈尔等等，都具有不同的特色，也都是法国菜。

　　《寻味法国》这本书主要介绍了法国区域性的料理。亚都法籍主厨 Fabrice Brechet 烹调了二十道法国地区菜，配以前菜、主菜、甜点、奶酪、面包及葡萄酒。

　　作者彭怡平旅法多年，法文说写流利，又喜爱享受法国菜肴，由她来访问主厨 Fabrice Brechet 并撰写本书是再恰当不过的。我们也希望读者能借由这本文情并茂的书，使人们对法国菜有一个比较完整的认识。

（本文作者为台北亚都丽致大饭店总裁　严长寿）

| 推荐序 |
美食人生

追求美好的人生，是大家都梦寐以求的。近年来，中产阶级的兴起，对于生活无不有所要求。他们参加艺术文化活动，到各地旅游；对于衣着，要求名牌；对于用品，亦是名牌；至于口腹之欲，则追求美食，自不待言，不是吗？

在台湾，即使是西方美食，我们亦不多让。某次笔者与一位法国友人用餐，友人欣赏之余问道："这餐厅是由法国人掌勺的吧？"但实际上，掌勺的是位华人，这也表示了台湾餐厅如今的水平。然而，唯一遗憾的是，食客在西餐厅，面对菜单，不知从何点起；更有向往西方美食者，也想在家中自行调理，却不知道从何下手。

彭怡平小姐游学法国多年，对西方美食研究有素，兹为文介绍法国各地美食，对华人、美食家、向往西式餐式者，具参考价值，真是好消息。

（本文作者为亨信公司董事长、法国 Chaîne de Rôtisserie 台湾地区负责人 张君晖）

| 推荐序 |
美酒失乐园

《失乐园》中的男女主角，纵使在生命欲结束之前，都会设想寻找一瓶上好的 Margaux 红酒，作为陪伴。如此凄美的故事，不就是法国顶级葡萄酒的最佳诠释吗？

喜爱法国葡萄酒，除了享受口欲之满足感以外，那种酿酒历史的传承、文化的背景，以及身处当地人们的另一种浪漫气质，无不一一地吸引着我持续地追逐。

在能够拥有如此美酒的国度里，她的美食还可能会离谱吗？

愿此文，赠与彭怡平，特殊的日子。

（本文作者为孔雀洋酒负责人 曾彦霖）

| 推荐序 |

浅谈法国美食美酒

　　如果说法国美食是世界之冠，那么在所有饮料当中，葡萄酒是最令人难以抗拒的。法国料理的多样性及复杂化是众所皆知的，而葡萄酒亦是分级相当复杂的佐餐酒。因此当法国美食遇上葡萄酒，那将是一种最完美的组合。

　　一般来说，大多数人认为白酒应配白肉，红酒配红肉。与其这样说，不如说是口味较重的或较粗糙的肉食，适合搭配红酒；而口味较淡或较细腻的肉食，则适合搭配白酒。但最棒的还是：不同产区的酒，应该搭配当地的地方风味菜，才最为精彩。

　　常有人说法国人最懂得享受人生，从他们钻研美食与葡萄酒的奥妙变化，便知一二。现在我们就一起来体验法国美食与葡萄酒的魅力吧！

（本文作者为星纺公司副总经理 须家昌）

| 推荐序 |

美食的最高依据

　　在多年推广葡萄酒的过程中，我一直强调"葡萄酒最主要的目的就是佐餐"。含蓄一点讲，则如同英国女葡萄酒专家 Jancis Robinson 所说的："厨房为酒窖的自然延伸。"对刚入门者，最好从配餐开始体会享用葡萄酒的乐趣，千万不要抱着喝药的心情纯饮（更不要泡洋葱）。美食配美酒，再加上良伴作陪的话，绝对是人生一大享受。而同时盛产美食与美酒的法国，当然是各位同好的最佳选择之一。

　　不过千万记得，餐与酒的搭配并没有任何金科玉律，个人的爱好与口味才是决定搭配方式的最高依据。Bon appétit!

（本文作者为玫瑰人生美酒餐会负责人 刘巨堂）

迷人的法国料理

Few countries are like France where food and wine are considered one of the greatest pleasure of life.

In France you will be struck by the care and attention given to the preparation of food and how much food plays in the life of French people.

The special appeal of French cuisine is its great regional varieties. From each part of the country, wherever you go, it will be a new experience where recipes are passed with great devotion from generation to generation.

Miss Pong went to great length to share with you her culinary experience while travelling extensively through France. Great Work......

André A. Joulian

世界上没有几个国家能像法国一样，视美食与美酒为生活中最大的愉悦。

法国人精心料理食物的程度，令人啧啧称奇。如果你知道食物对法国人来说占有多大的分量，你将会更惊讶。

法国料理的迷人之处，就是不同地区发展出的多样性；不论你走到哪里，尝到的食物都会有不同的特色。料理方式的代代相传，更可看出法国人对食物的忠诚。

本书作者彭小姐游遍大半个法国，以她对法国料理之深入了解写成的本书，是难得一见的佳作。

（本文作者为丽致管理顾问股份有限公司总裁 朱恩磊）

| 推荐序 |

"料理"是最短的沟通桥梁

《La cuisine est le plus ancien des arts》, disait le magistrat-gastronome Brillat-Savarin: car, homme de loi, il était aussi bon vivant et en sage savait compenser la rigueur de ses fonctions par le plaisir de la table. Et dans le célèbre roman Au bord de l'eau de Shih Nai An, le redoutable et gargantuesque bonze Lu Chih Shen, parce qu'il est chargé du jardin potager, pièce maîtresse du grand temple Hsiang Kuo, n'a-t-il pas pour surnom Sagesse-profonde?

C'est que du plus lointain de leurs traditions, Taiwanais et Français connaissent l'importance de la table, car on ne traite pas à la légère ce qui par trois fois chaque jour requiert chacun d'entre nous. L'un et l'autre peoples auraient pu se contenter d'une cuisine nourrissante et fonctionnelle, en somme de manger pour vivre; mais non: en esthètes gourmands et sensuels qui aiment à se retrouver en famille, ou entre amis, pour partager le Bonheur de leurs ripailles, ils ont voulu-aussi-vivre pour manger, élaborant les plats fins où se combinent tous les ressources de leurs riches provinces, de l'Alsace à la Bourgogne, en passant par l'Aquitaine, et l'Auvergne sans oublier la Provence et la Corse, et d'autres encore relevant leurs mets d'épices subtiles, assaisonnant, jouant avec le feu-ici le feu doux où l'on fait longuement mijoter dans les cocottes, à la flamme vive qui saisit dans les woks, et transformer enfin en délices les offrandes de la nature pour le bonheur souverain de nos palais.

Voici donc rassemblé en un beau livre ce florilège de recettes françaises au classicisme éprouvé, qui participeront, je le souhaite, a l'augmentation de la consommation de produits français à Taiwan.

Il me reste à abandonner le lecture au fil des pages, pour imaginer d'abord, et, je l'espère, réaliser bientôt chez lui un boeuf bourguignon, un pot-au-feu ou un clafoutis. Il y verra la preuve, s'il en était besoin, que la cuisine n'est pas le moindre des ponts jetés entre nos deux pays.

Philippe Favre
(Conseiller Economique et Commercial Institut Français Taiwan)

美食法官布里亚－萨瓦兰（Brillat-Savarin）曾说："烹饪是最古老的艺术。"身为法官，既乐天随和又睿智的他，深知如何借由"餐桌上的享乐"补偿他严峻的工作性质。

在施耐庵著名的小说《水浒传》中，令人生畏且食量惊人的鲁智深，因为掌管属于相国府的菜园，而被人取个浑名"高深的智者"。

渊源于长远的文化传统，中国人及法国人都非常清楚"吃饭的重要性"，不会轻忽不可或缺的一日三餐。两地人民不仅只欣喜于丰盛与只为填饱肚子的料理，而是更讲究美感与激起感官的美食，喜爱与亲朋好友共聚一堂，分享珍馐美味。

法国人将各省丰富的资源组合，使他们的菜肴更精致。从阿尔萨斯到勃艮第，经过阿坤廷、奥佛涅，以及不能不提的普罗旺斯、科西嘉及许多其他地区，以巧妙的香料、调味品，再加上不同的火候料理，以文火长时间在炖锅中熬，或以大火烹调。为了我们味蕾上的喜悦，转化大自然的祭品为欢乐。

这是一本集合法国经典料理的作品选集，我期望借由这本书提高法国食品在中国的销售量。我只要沉醉于阅读此书的过程中，首先"想象"，接着着手在家做"勃艮第炖牛肉"、"牛肉蔬菜汤"或"樱桃奶油派"。毋庸赘言，我们将看到明证，"料理"是我们两国之间最短的沟通桥梁。

（本文作者为法国在中国台湾协会经贸组处长 华伟立）

| 推荐序 |

融合各家精华的美食精神

　　La France, mon pays à six frontières et 3 mers, ce qui explique son ouverture sur le monde, mon pays à subit quelques invasions durant les deux derniers millénaires, il a aussi conquit quelques territoires, à chaque fois la nourriture a été pris en compte, toute ces influences se sont fait ressentir à un moment donner, nous avons gardé ce que nous pensons être le meilleur pour notre identité culinaire, à chaque fois réactualisé, toute en conservant les traditions, cette diversité se retrouve dans toute nos regions, au Nord le beurre et la crème, au Sud l'huile d'olive, à l'Ouest la mer et ses poissons, à l'Est les influences germaniques chou et cochon, le tout servit avec plus de quatre cent sorte de fromage et quelques 30000 vins différents, s'il fallait expliquer la force de la cuisine Française, on peut dire que c'est le respect du produit, la recherche du meilleur, beaucoup d'attention et l'amour de la chair.

Fabrice Brechet

　　我的祖国——法国，与六国为邻、滨三大海洋，这解释了它对世界的开放性。在过去两千年间，它经历无数征战，也征服了一些其他的领土，而每次征战都使我们的食物吸收更多各方的影响。在维持法国美食传统的原则下，我们保留了各国影响中最精华的烹调特色。这些不同的传统可以分别在法国不同区域中发现，如北部的奶油及鲜奶油、南部的橄榄油、西部滨海的渔产、东部受德国影响的卷心菜和猪肉，以及超过四百种的奶酪及三万种以上不同的葡萄酒。

　　如果必须解释法国菜独有的精神，我们可以说它重视食材、追求完美、精心烹调，以及对美食的爱好。

（本文作者为台北亚都丽致大饭店主厨）

美食也要成为经典

　　1998年，我刚从巴黎索尔本大学电影电视系学成回来，不幸赶上那时台湾电影业如日薄西山。电影梦虽不得实现，我却因缘际会，与出版业结缘。

　　相较于暮气沉沉的台湾电影界，台湾那时的出版业，不仅朝气蓬勃，更充满了实验的胆气与创新的精神。我就在那样的环境里，怀抱着初生之犊不怕虎的勇气，以拍电影的庞大阵容，率领近一百人的团队，包括两位摄影师荣录与大牛（廖学艺）、编辑们、法国大厨法布里斯·布列雪以及亚都丽致数字内场与外场工作人员，趁着圣诞节到年假这短短几日难得的时光，将我们筹备了数月的法国区域料理一一从纸上构图如实呈现！我还记得，在那个连松露与牛尾汤是啥都没见过的时代里，每一道法式料理端上桌的时候，都会引发一阵欢呼！我也是在那样近乎梦幻的气氛里，苦心构思出一道道料理的画面。

　　我希望每一道料理都诉说着一个属于自己的独一无二的故事。我选择以微光拍摄，企图营造出光影层次丰富的影调，并将每道料理的地域特质与食材，以及享受这道料理的气氛与心境融入摄影里；并且融入艺术、历史、人物、地域与风土民情的思索，堪称为当时美食界前所未有的创举！当时商周的何飞鹏社长看到这本书印出来以后的第一个反应是："曲高和寡。"这本与市面上读物截然不同的书问市以后，却引起众多媒体与读者的关注，他们异口同声说："第一眼看到它的时候，以为这是一本由外国原版翻译过来的书，没想到是我们原著的。"《寻味法国》成为台湾多所餐旅管理学校的重点推荐读物，而这也开启了我美食家与教书生涯，并因此而莫名其妙地成为了文学家与摄影家！

　　如今，十余年已过。当初无心插柳写作事业的我，一下持续了十四个年头。靠着一支笔与照相机单枪匹马闯世界的我，在走过五十个国家的同时，也已出版了十部不同主题的作品。虽然当今研究的重心早已偏离当初处女作的美食主题，然而，对于创作之初秉持的那份对作品的诚意与用心却始终无二！我认为每一本书都是作者诚实面对读者与自己的艺术结晶。抱持着非经典不写、非经典不出的精神，相较于当今的出版市场现况而言，或许是难以理解，但我一直深信，好的书籍不仅完全不会因时日而失去它的光芒，反而会因时间而散发出更为动人的光彩。在《寻味法国》改版上市前夕，回顾我的写作事业与艺术创作生涯，更是感慨自己的不轻易妥协带给我这一路上的丰硕成果，也得以在十余年后再次奉上这本诚心诚意、集众人心血共同完成的饮食文化读物。期望当读者捧读这本著作的时候，感受到的不仅是它字里行间的用心，也是它与日俱进、不同于一般的华彩。

感谢中央编译出版社总编辑刘明清先生、梦想家分社社长张维军先生，以及责任编辑廖晓莹女士，一路走来的支持、耐心，以及专业精神。在本书以新面貌于内地付梓之际，我仅以此书献给所有热爱文化、艺术，以及一直以来为提升饮食文化品质而孜孜不倦努力的美食记者、餐饮学校的诸位先进、老师与同好。盼此书的问世能够在中国这块拥有悠久璀璨饮食文化的土地上，注入另一种角度的思考，引起另一波饮食文化观念与思维的革新。

2013 年 9 月 12 日写于风雅堂

Table des Matiéres
目 录

| 推荐序 |

2   完整认识法国菜 / 严长寿

3   美食人生 / 张君晖

3   美酒失乐园 / 曾彦霖

4   浅谈法国美食美酒 / 须家昌

4   美食的最高依据 / 刘巨堂

5   迷人的法国料理 / André A. Joulian

6   "料理"是最短的沟通桥梁 / Philippe Favre

8   融合各家精华的美食精神 / Fabrice Brechet

| 新版作者序 |

9   美食也要成为经典

14 | 第一篇 |
法国料理的艺术

16   路易十四的"太阳王礼仪"

18   美食外交餐会上的咖啡

19   布尔乔亚的用餐艺术

21   催情晚餐

24   美食家的诞生

26   草地上的野餐

28   魅力无国界的牛角面包

Table des Matiéres

30　|第二篇|
改变法国料理的厨师们

32　美食外交官——马利 - 安东尼·卡汉姆
　　（Marie-Antonin Careme）

35　厨师中的国王——奥古斯特·艾考菲耶
　　（Auguste Escoffier）

36　留名美食界的料理大师——博斯伯·摩答内
　　（Prosper Montagné）

37　料理艺术的革新者——保罗·包库斯
　　（Paul Bocuse）

39　崇尚简单的自然主义者——费纳·普安
　　（Fernand Point）

40　孕育自人生经验的料理——
　　二战后法国厨师剪影

42　|第三篇|
法国的餐厅

44　汇聚思想与文化的舞台——咖啡馆（Café）

48　吃的"新"生活哲学——快餐餐厅
　　（Restauration Rapide）

49　洋溢浓浓家乡味的家庭式餐馆——酒吧间
　　（Bistrot）

51　热闹喧腾的不夜城——啤酒店（Brasserie）

53　You are the King! ——精致美食餐厅
　　（Restauration Gastronomique）

58　田舍风味的休憩站——小旅馆（Auberge）

60 |第四篇|
地区性料理

62 融合严肃与欢愉的双胞胎——阿尔萨斯（Alsace）
／洛林（Lorraine）

71 美食美酒的天堂——勃艮第（Bourgogne）

77 母亲的料理——里昂（Lyon）

85 温暖人心的阳光料理——普罗旺斯（Provence）
／阿尔卑斯山（Alpes）／蔚蓝海岸（Côte d'Azur）

93 栗子羊奶汤里的风景——科西嘉（Corse）

99 黑钻与白珍珠——佩里戈尔（Périgord）

106 让酒神耽溺的酒乡——波尔多（Bordeaux）

114 环山靠海的大自然飨宴——
中央比利牛斯山（Midi-Pyrénées）

120 可丽饼的故乡——布列塔尼（Bretagne）

128 佐伴光荣与挫败的美食地——诺曼底（Normandie）

135 置身"法国花园"里的野餐——罗亚尔河谷区
（Pays de la Loire）／中央区（Centre）

142 藏起来的……美味——
奥佛涅（Auvergne）／利慕赞（Limousin）

148 |第五篇|
轻松享用法国菜

150 看懂菜单其实很简单

156 享用法国菜 STEP BY STEP

|附录|
158 自己动手做美食

chapitre 1

法国料理
的艺术

对法国这个爱好享乐的
拉丁民族国家来说，
日复一日地在亲爱的枕边人
与亲爱的饭桌间来回打转，
已成为一种生活方式与人生哲学，
毕竟，人世间还有什么能比这两者
激起我们更大的快感呢？

L'Art Culinaire
路易十四的"太阳王礼仪"

法国料理给一般人的印象多为精致、豪华、细腻但分量少，好像难以满足我们的胃。事实上，法国料理着重慷慨、与众人分享美食美酒、人生的喜悦与爱，是一场注重精神与感官的飨宴。

当我在法国受邀去朋友家做客的时候，总是习惯先问主人那天的菜肴倾向哪种料理，再选择贴切的酒带去。在法国，吃饭，是一种休息，是一种愉悦与享受。一顿饭耗上三至四个钟头，在当地是很司空见惯的事。从开胃的点心（Amuse-gueule）、饭前酒（Apéritif）——香槟或樱桃酒（Kirsch）、前菜（Entrée）、第一道海鲜主菜（1er plat，多半为鱼）、第二道主菜（Second plat）、甜点盘（Plateau de dessert）到咖啡与巧克力盘，最后再以一杯饭后酒（Digestif）——干邑酒（Cognac）或雅马邑（Armagnac）画上完美的餐饮句点。

喜欢感官享受的法兰西民族，早在17世纪就已开始他们对美食的享受。尽管17世纪时，"享受美食"仍被一般法国大众视为"富裕"、"骄纵"的代名词，但是，当时的法国国王却毫不在意地享受全国各地的美食，而且仿佛认为顺理成章似的。据当时的记载，国王光一餐就可以吃掉四盘不同口味的汤、一只野鸡、一只山鹑、一大盘沙拉、两片厚厚的火腿、大蒜肉汁烩羊肉块、一大盘各式甜点拼盘，以及水果与鸡蛋。虽然国王没有偷吃零嘴的习惯，但在茶余饭后，还会嚼几块肉桂糖并喝几杯橘子水。

1670年至1680年路易十四当政（1638～1715）时期，法国宫廷饮食的习惯从大吃大喝转变为细腻与精致，吃的种类也从大型野禽类走向肉质鲜嫩的小型家禽，如母鸡、阉火鸡（Chapon）、鸽子或鸭子……此外，在烹调的时间与火候工夫上，也多花了心思，并且不再过度使用香料，强调保存食物的原味，尤其是鱼类，当时最受贵族喜爱的是鲑鱼与鳟鱼。

但是首先将法国美食飨宴带进极致完美境界的，却是每星期在凡尔赛宫举行的一至两次的公开餐会——"太阳王礼仪"（Le Cérémonial du Roi-Soleil）。在餐会开始前，侍者会先将餐具整齐地依序排好，而直到那时之前，法国贵族仍没有使用叉子的习惯。现在我们在法式餐馆看到的那些装香料、装盐、装油、装醋和装糖的小瓶瓶罐罐，都是直到1697年才发明的。

据传，这位好吃的法王路易十四身体并不好，所以在餐会里加入了大量的水果与果汁帮助消化。喜欢喝勃艮第（Bourgogne）酒的他，也非常注重酒与菜的搭配。他将餐会分为六个阶段：汤、前菜、烤肉盘、小甜食、主菜、水果或甜点；而在冷盘（Entrée froide）或主菜之前，则有所谓的开胃菜（Horsd'oeuvre）。

1668年7月18日，为了向法丽叶（Val l ière）女士祝贺，路易十四甚至在凡尔赛宫举行了一场为期三天的餐宴。当天所有侍者依四季穿着绣有不同图案的服饰，如春天穿着织有十二个园丁提着装满果酱的花篮图案的衣服；夏天是收割者；秋天则是十二个摘取葡萄的工人和装满葡萄的篮子；冬天的图案为老人提着装满冰块的篮子。室内装饰满鲜花。这个法王路易十四主导的"太阳王礼仪"，为法国美食之路奠下了根基。

将法国美食飨宴推至极致地位的"太阳王礼仪"。

L'Art Culinaire
美食外交餐会上的咖啡

我置身协和广场（Place de la Concorde）上某顶级餐厅的大厅内，侍者正毕恭毕敬地端着银器盘盛的"大菱鲆"到我桌前，却一不小心将鱼连盘子一起翻倒在地；餐厅主管赶紧来到我身边，一边道歉，一面以冷静的口气命令侍者："再端出另一盘！"不一会儿工夫，同样的侍者又端出同样的菜到我桌前。这种训练，是法国一流餐厅之所以一流的服务标准，也代表着餐厅主人的荣誉。

中世纪时的欧洲，尤其是法国，餐宴并不仅是餐宴，还代表着餐会主人的威望与权力，而且所有餐会都有所谓的外交与政治目的，只是……这些贵族们围绕着当晚的菜肴、美酒来打开话匣子，以达到最终的政治目的。我个人称这种餐会为"剧场美食"或"美食剧场"。

在传统的美食外交餐会中，最早成功的厨师外交官发言人，即19世纪初的马利–安东尼·卡汉姆（Marie-Antonin Carême）及其老板查理·莫里斯·塔勒宏（Charles Maurice de Talleyrand）。这两位合作无间的搭档，将当时欧洲所有的政治家、智者、艺术家集聚一堂，成功地完成了所有外交任务。拿破仑更赞誉塔勒宏为全法国最好的外交宴会主人。

据说，塔勒宏的餐会结束前的那一小杯咖啡包含了四个秘密：烧灼的感觉如同地狱；浓黑的色泽如同魔鬼；香醇如同天使；甜蜜美妙如同爱情。这杯临别前的咖啡，使得所有喝过的人都对它的香醇甜美意犹未尽，总是渴望重温旧梦。这或许就是塔勒宏与卡汉姆美食外交餐会成功的主要原因吧！你觉得呢？

以美酒、佳肴来打开话匣子，达到最终政治目的的"美食剧场"。

L'Art Culinaire
布尔乔亚的用餐艺术

18 世纪时，布尔乔亚的美食艺术已经到达富裕与美味的巅峰，从菜单安排的极度用心考究，即可窥出端倪；而到了 19 世纪，用餐考究与否，更象征着一个家庭社会地位的高低。

此时餐厅是独立的空间设计、紧临客厅，但是自成一格；而厨房则又独立出来，自成一体。餐桌的布置多以鲜花、水果装饰，餐具也非常讲究。自 1860 年起，象征社会新贵的布尔乔亚阶级，喜欢以水晶玻璃杯或醒酒器来代替传统的玻璃杯。

此外，银制的餐具也受到他们疯狂的喜爱，刀叉、盘子、茶壶、咖啡壶、托盘等，无一不为银制，这些餐具现已被列入婚礼的采购单。

除了银制的豪华餐具外，彩绘着植物、蔬果图案的玻璃盘也蔚为流行。餐桌的位子必须安排顺序，用餐时每上一道新菜就要重新换盘。

这些布尔乔亚阶级虽然无意隐藏他们在社会上举足轻重的地位，但也不想效法昔日的王公贵族们那夜夜举办如婚礼或订婚般的盛大餐会。保守卫道的他们，对所谓"精致调情晚餐"并没多大兴趣，而是希望经营温馨、富足与欢乐健康的晚餐气氛。所以，整个物质的考究，比实质上对美食的要求明显得多。但是，这些社会的暴发户，对"品味"未必有充分的鉴赏能力。

观看伴随法兰西第二帝国而来的 18 世纪"洛可可艺术"（Roccoco Art），即大约可以瞧出一些端倪，其极度装饰与华丽之能事，有时让人看得眼花缭乱，却不知所以然。

佐拉（Emile Zola，1840 ~ 1902），这位标榜自然主义的作家，就曾经毫不留情地批判当时的布尔乔亚餐桌现象："餐桌活像个火光闪闪的祭坛！白晃晃的桌布、水晶冷冽的银光对照着银制的餐具……"

在布尔乔亚的家庭里，最重要的是女主人。她的首要工作就是精心地布置一顿适切的社交晚餐，从菜色的搭配、餐具的选择、餐桌的布置到宾客座位的安排，都必须事先构思，目的是不要让她的丈夫觉得丢面子。当仆人说"女主人，请用餐

（Madame est servie）"时，就如同一句象征性的用餐总结，表示今晚的餐会进行得很顺利。

直到今天，布尔乔亚的用餐方式因秉持着传统丰盛、菜色种类多选择、注重营造富足气氛的精神，而成为法国美食中一股不可忽视的主流。

L'Art Culinaire
催情晚餐

在世间，仅有两件事能激起我们五种官能的反应，一是爱情，另一个则是美食。尽管很多卫道人士提出悲观的看法，但是，享乐主义者却亲身实践，证明他们的说辞。

对法国这个爱好享乐的拉丁民族国家来说，日复一日地在亲爱的枕边人与亲爱的饭桌间来回打转，已成为一种生活方式与人生哲学，毕竟，人世中还有什么比这两者更能激起我们的快感呢？

18世纪，在菲利普·奥尔良（Philippe d'Orléans）摄政王执政期间（1715～1723），有一种特别的社会运动——"精致晚餐"（Soupers Fins），从桌边到床头以连续性的方式进行，有时则采用重叠交错的方式。当时的艺术画家华铎（Antoine Watteau，1684～1721），就曾记录下奥尔良摄政王时期的风流餐会场景。当时甚至流行一句话："调皮的爱情游戏能激发厨艺的想象力，使其成为世界上最好的厨师。"

姑且不论这句话是否属实，可以确信的是，自此以后，全法国上下都兴起这种优雅而富感官享乐的"精致晚餐"运动。奥尔良特别偏爱有勾起情欲效果的食物，法国名菜"摄政王的小母鸡"（Poularde à la Régent）即以他为名；此外，珍贵的松露（Truffe）、公鸡的肉冠或螯虾，都……很有刺激效果。

之后的法国国王路易十五（1715～1774）甚至变本加厉，直到去世之前都没有放弃这个让他享有唯一快感的游戏。当时画家就把那个时代的公爵们画成龇牙咧嘴、咬噬、狼吞虎咽生命的模样。将放荡与人生哲学集结的思想家狄德罗（Denis Diderot，1713～1784），曾形容当时赴晚宴的心情如同去妓院。

在那个疯狂放纵的时代，不少被称为"调情屋"的场所在巴黎及其近郊如雨后春笋般出现。但是，这可不是像Peep Peep Show一类的低级色情场所，而是将男女情爱与美食艺术融合一体的艺术小屋。"调情屋"室内陈设优雅，家具装潢极富品味，气氛神秘，地点也很僻静隐秘，是偷情的绝佳场所。

到了19世纪，法国整个社会的道德秩序与政治颠覆了道貌岸然的"伪君子"。

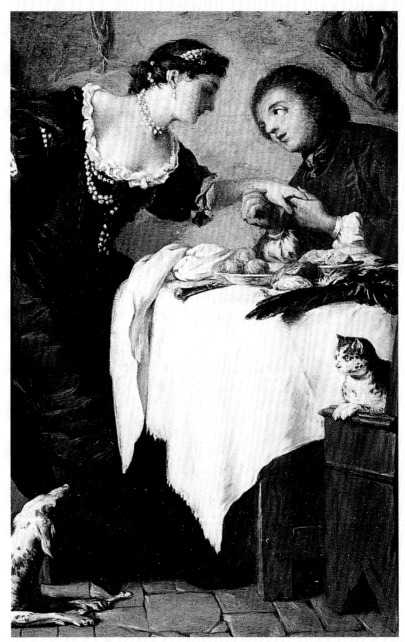

从桌边到床头以连续性或重叠交错方式进行的"精致晚餐"。

在福楼拜（Gustave Flaubert，1821～1880）的《包法利夫人》（Madame Bovary）
与莫泊桑（Guy de Maupassant，1850～1893）的《好朋友》（Bel-Ami）中，都不
乏此种场景的描述。

　　20世纪开始，受个人主义的影响，"调情屋"变成各派学说自说自话、百家争
鸣的场所。为什么法国人那么喜欢在"调情屋"进晚餐呢？有些人认为，美食与情
调不过是让已经被征服的心，借着美食、美酒的催化，寻找到适当的借口倾吐心中
的爱意；有些人则撇开那些情感的、罗曼蒂克的情调不谈，来这种地方的目的，双
方都很清楚；也有一些情侣干脆舍弃那些豪华的额外装潢、水晶垂吊灯与银制的餐
具，来到乡间小屋度假；甚或，来个野外的郊游……

　　1968年女性主义崛起后，更主动将这种调情的烛光晚餐，改在僻静的餐厅角落
进行。以往的"调情屋"被一般美食餐厅取代，保留下来的是法国的绅士风度：由
男性付账，尽一切作为绅士必需的礼仪。唯一的不同，是由女性选择餐馆、点菜，
并负责"导演"情境与气氛。对此，当时有一种很别致的说法——"温柔的菜单"。
两人单独的烛光晚餐，代替了集体的调情晚宴，应邀出席的男士永远不知道这份菜
单显露的是一份爱意或是一种礼貌性的社交。而一顿充满焦急与温柔的晚餐下来，
男士尽管什么承诺也没有获得，但那温暖的红唇啜饮香槟的性感，如白玉般的贝齿
咬着清脆食物所发出的银铃似响声，柔滑细腻的鲜奶油滑落喉间的清新感，剥水果
皮时激发的遐想……这一切最色情、最性感的人性主义，在参与盛会的男女心中，
都留下了对未来的甜蜜憧憬……

L'Art Culinaire
美食家的诞生

因出版《味觉的生理学》（La Physiologie du Goût）而为法国美食主义奠基的布里亚－萨瓦兰（Brillat-Savarin，1755 ～ 1826）认为，美食不仅是一种感官的享受，更隐含了人类对一切知识的泉源与省思。所以，"美食餐会"所带来的喜悦与满足，是一种沉思的喜悦与满足，不但要求化学般严格的食物烹调步骤，还需要足够敏感的心灵以选择吃饭的地点、对象，如此才能享受最极致的喜悦。

以"人间喜剧"（La Comédie Humaine）九十五部系列小说闻名的文坛巨擘巴尔扎克（Honoré de Balzac，1799 ～ 1850），是个地道的家乡料理美食主义者。他曾不断提到："尽管在乡下我们无法吃到如巴黎般豪华的料理，但是，我们却可以真正品尝到丰盛而地道的家乡料理。每道菜都是一道哲理，经过日积月累的沉思与研究……也唯有在那里，才能诞生如卡汉姆般的天才。"生于杜尔（Tours）的巴尔扎克，曾不止一次在作品中描述地方美食，尤其是他出生的杜尔一地的"熟肉酱"（Rillettes）、奥克尔（Auxerre）的"红酒洋葱烧野味"（Civet）等。

当然，在法国美食史上还记录着几个赫赫有名的美食家的大名，如国人熟知的美食记者 Gault & Millau。

美食家的崛起，与 1780 年至 1810 年间法国的社会、经济、政治运动有着密不可分的关系。

18 世纪末期，法国大革命不但推翻贵族王朝，还兴起了新贵——布尔乔亚阶级，而美食主义亦成为他们信奉的饮食准则。大大小小的"民间食堂"摇身一变成为"餐厅"开始对外营业，使一般民众接触美食的机会大大增加，与生活息息相关的美食主义自然也成为大众的兴趣所在。

此外，当时法国的官僚也并未如一般人所见的品位低下；相反地，彼此还会争相较量个人的"品味"，如兼任官员职务的布里亚－萨瓦兰，以及当时推进文化思想革新运动的哲学家如狄德罗和作家圣伯飞（Sainte-Beuve，1804 ~ 1869），使得整个时代在这种气氛的激发下，诞生了美食家。

一般而言，在法国，美食著作分为三种：一为技术，即纯粹的食谱；或为科学，教导大众吃出均衡和营养的健康饮食，这一点类似我们营养学医生开出的处方；最后一种是我最爱读的，也就是诗意的美食文学著作。美食家越过一切实际食物形体的界线，融入感官想象的无限喜悦。

这种剪接美食与色情的文体，掺杂着美食家个人对人生的体验与美感的追寻，对美食的信息性介绍与批评论述，或是尖酸刻薄，或是嬉笑怒骂，或是冷嘲热讽，或是出神入化地描述美食经验的神秘与不可思议……得到大众疯狂的反应。他们发表的言论，在 1803 年列入年鉴，成为大众的美食参考指南。1866 年，博里斯（Brisse）男爵甚至在当时的日报上刊登专栏评论美食，并进而倡导"布尔乔亚阶级的物质主义革命运动"。到了近代，法国美食家的文字愈来愈轻松，在追求严肃的美食主义之余，也给予大众娱乐的空间，毕竟，那只是一顿饭而已！

巴尔扎克曾提到："丰盛而地道的家乡料理，经过日积月累的沉思与研究，使得每道菜都成为一道哲理。"

L'Art Culinaire
草地上的野餐

　　史前时代，人类为了躲避动物的侵袭与气候的寒冷，不得不隐藏在山洞中用餐，但渴望自由地在大自然野餐的心，始终不变。直到人类终于能够控制自然，重新回到大地之母的怀抱，享受人与自然和谐相处的情趣。

　　法国的露天咖啡座世界闻名，但早在露天咖啡座出现之前，法国人就已经有露天进食的习惯。每年春暖花开时分，当第一道明亮温暖的光线透过枝叶照耀着大地时，法国人便迫不及待地取出他们的桌椅与酒菜，准备来个庭院用餐。

　　对喜欢大自然的法国人来说，在鸟叫虫鸣的森林或庭院中野餐，不但是享受，无疑地亦激发了他们敏感易动的心灵，使用餐变得更富情趣，心情也更为自由。

　　在 18 世纪的"光明时代"（Lumière），"草地野餐"变成了一种社会风尚。人们舍弃了桌子，带着勾勒细致花边的白色大桌布、银制餐器、水晶杯，成群结队来到乡下的森林中，享受前所未有的用餐情趣。之后，画家、音乐家、美丽可爱的女子们也相继加入这场"酒神的野宴"。这种"草地野餐"的风尚，到了布尔乔亚时代，变成一种很矫情的仪式。穿着白色高领衣服的男士，被穿着如同上教堂般的太太们紧跟着，笨拙地坐在地上之前，先仔细地察看草地上的小虫或生物，以免待会儿它们飞到

喜欢大自然的法国人，在鸟叫虫鸣的庭院中用餐不但是享受，也激发了他们敏感易动的心灵，使用餐变得更富情趣，心情也更为自由。

盘子里……虽然布尔乔亚阶级并非那么欣赏这种野地里用餐的情趣，但是为了表示他们跟得上时代，这是个好的尝试，至少，他们可以呼吸到新鲜的空气……

身受大都市之苦的巴黎人，在 19 世纪末期，兴起到郊外散步和划船的风潮。尤其是 1837 年巴黎圣拉撒尔（St-Lazare）火车站的通车，使得巴黎人可以更随心所欲地到乡村度个悠哉悠哉的假。

当巴黎人不到乡村度假时，就是到郊外野餐。这股强大的风潮甚至使得艺术家相继以此为题，发表了不少杰出的创作，如马奈（Edouard Manet，1832 ~ 1883）的名画"草地上的午餐"（Déjeuner Sur L'herbe）等。

在"草地野餐"中，受欢迎的食物无非是火腿片、奶酪、冷米粒加沙拉调配的尼斯沙拉（Salade Niçoise）、优格、法国面包、年轻易饮的红酒等偏冷的食品。不过，19 世纪时，最受欢迎的野餐食物却是"煮蛋"，据说是因为方便携带，又不会有任何安全顾虑。

直到现在，我依旧非常怀念那段与三两好友在法国"草地野餐"的时光，享受暖暖阳光下阵阵花香、草香随着微风轻拂脸颊，以及大自然虫声鸟鸣所演奏的自然交响曲，不知不觉中，我已经与自然融为一体……

L'Art Culinaire
魅力无国界的牛角面包

在法国住久了，现在回到国内还是习惯早餐喝咖啡配"牛角面包"（Croissant）。但是，这个在国内非常受喜爱的牛角面包，并不是起源于法国，而是来自其他国度的"舶来品"。

其实，严格说起来，在法国，面包是面包，即法国人所谓的 Pain，如我们熟悉的法国面包（Baguette）；但是，如牛角面包等奶油面包卷，却是法国人通称的"维也纳甜面包或甜点"（Viennoiserie），有点类似我们的甜甜圈或美式 Donuts，有巧克力、果酱、奶油、葡萄干等多种口味。

而"维也纳甜面包或甜点"中最远近驰名的，就是弯月形的"牛角面包"。这个如弯月般的面包造型灵感来源众说纷纭，其中最为人称颂的是来自土耳其军队人手一把的"土耳其弯刀"。

1683 年时，土耳其军队大举入侵维也纳，却久攻不下。土耳其将军心焦之余，心生一计，决定趁夜深人静，挖一条通到城内的地道，准备不知不觉攻入城内。不巧的是，他们用鹤嘴铲子凿土的声音被正在磨面粉、揉面团的面包师傅发现，连夜报告国王，结果土耳其军无功而返。为了纪念这个面包师傅，全维也纳的面包师傅都将面包做成土耳其军队旗上那个弯月的形状，以表示是他们先发现土耳其军队的。

法国人通称的"维也纳面包或甜点"（Viennoiserie），有点类似我们的甜甜圈或美式 Donuts。

但是，对基督徒而言，牛角面包的形状如同弯月，似月亮升起时，象征"基督的死亡与再生"。在圣体仪式中，当基督徒将牛角面包配象征"基督血液"的红酒时，表示对基督身体与血的尊重，并沉思基督再生当时的情景。

对亚述人而言，拜月是非常重要的仪式。在圣餐时，亚述人以如弯月造型的牛角面包与红酒作为圣餐的食物。

在 Flûte Gana 面包店买面包的老巴黎人。面包是他们每日的食粮。

到了波斯人手里，牛角面包是"保证再生"的象征物，在死亡仪式中交给死者。4 世纪时，在一个死者的石碑上，就刻着一名男子离开妻儿到另一个世界，临行之前，妻子交给孩子一个牛角面包，要孩子交给父亲，表示确信他未来会再生。

在巴黎还有另一个传说：很久以前，一个希腊巫师曾写一封信给月亮女神，在信笺封口处，盖着一个弯月的图章。当时的图章，都是面包师傅以面包做成的圆戒指形，后人则将这个图案做成现在的牛角面包。

12 世纪时，法国某些乡下地方称这种面包为"小的牛角"，而牛角的形状又使人联想到"弯月"。在当时，每到逾越节时，修道院的僧侣们总会制作成篓的牛角面包作为餐点，表示"基督再生"之意。

无论何种传说或考证，牛角面包的魅力是无可匹敌的，建议你们早餐时，搭配一杯咖啡牛奶（Café au lait），再加些果酱，很不错喔！

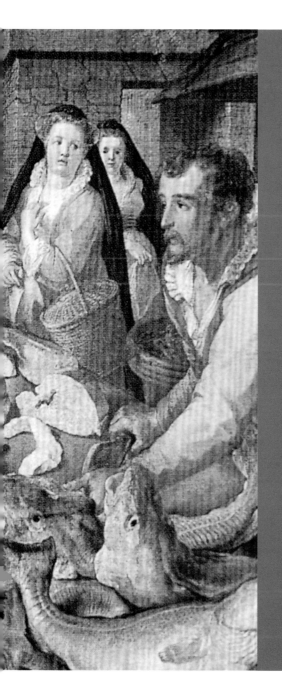

chapitre **2**

改变法国料理
的厨师们

这些厨师与顾客保持直接的接触，
不眠不休地工作，
只为了追求至高的完美境界；
他们的料理出于内心，
孕育自个人的人生经验，
代表的正是法国的饮食艺术……

Les Chefs Cuisiniers
美食外交官——
马利 – 安东尼·卡汉姆 (Marie-Antonin Careme)

　　以制作糕点闻名的厨师马利 – 安东尼·卡汉姆，1783 年生于巴黎贫民窟一个姊妹兄弟众多的家庭。他十岁左右就流落街头讨生活，后被一间小餐厅的老板收留。在那，他学到了烹饪的基础。

　　十六岁时，卡汉姆只身来到巴黎位于威维纳（Vivienne）街最有名的糕饼店"巴里"（Bailly）当学徒。震慑于卡汉姆的才华与学习意志，店主允许他每天抽空到当时巴黎"国家图书馆"的铜版画收藏室研读。他自建筑结构中获得源源不断的灵感，以建构那伟大的梦想：立体的蛋糕。

　　当卡汉姆的成品推出后，赢得了广泛的反响。第一个回馈是尚·阿佛斯（Jean Avice），巴里的主厨，建议并鼓励他为当时的政治家塔勒宏工作。

　　当时，塔勒宏家的餐会是全欧洲第一流的。主厨布歇（Bouchée）专门负责塔勒宏在国外的外交餐会，而无数合约都是在成功的餐会中达成协议的。塔勒宏和他的主厨们在欧洲大大小小的外交场合均赢得过尊荣。曾有一次，塔勒宏对路易十八说："陛下，我需要有柄平底锅胜过知识。"

　　卡汉姆指导塔勒宏的厨房达十二年之久，而他也曾为英国国王乔治五世、俄国沙皇亚历山大一世工作过。某日，沙皇曾对塔勒宏说："卡汉姆教会我们如何吃，这在过去是无法想象的。"卡汉姆后来又陆续为维也纳宫廷、英国大使馆、巴拉丝荣（Bagration）公主、史都华贵族工作，最后于罗起德（Rothschild）男爵处度过晚年，并且实现了自己的梦想：出版一本有关他的时代、他的"糕饼大师"职业的书。

　　卡汉姆出版的书籍包括 1815 年的《别出心裁的糕饼大师》（Le Pâtissier Pittoresque）、1822 年的《法国大饭店老板》（Le Maître d'Hôtel Français）、1825 年的《巴黎皇家糕饼大师》（Le Pâtissier Royal Parisien）及 1833 年的《19 世纪的烹饪艺术》（L'Art de la Cuisine au XIX Siècle），并发明两种著名的甜点：Borchtch 及 Koulibiac。

卡汉姆不仅是理论者，也是真正的厨艺高超者。他的料理不但口味精致，也相当重视整体装饰和优雅的格调，而正是这些特色使他成为真正法国精致美食料理的创立者。巧妙运用完美厨艺的结果，使得卡汉姆成为有史以来第一位完美的"美食外交官"。此外，他还创造了许多食谱，尤其是 Sauce 与汤。根据《烹饪艺术》（L'Art de la Cuisine）记载，Sauce 与汤的食谱共有法国的一百八十六种与其他国家的一百零三种。

凭借在厨艺界的表现，卡汉姆决定创立一所厨艺学校。在这所学校中，他将所有法国最优秀的主厨集结起来，希望达到"重现法国古典传统的美食之美"，并且向后代证实，法国在 19 世纪时即拥有全世界最美、最闻名的烹调艺术。

除了设立烹饪学校、从事写作外，卡汉姆还重新改革旧有的烹调器具，并具体

画出改新的器具图形，例如，方便倒糖汁的有柄平底沙锅、新型的模子，甚至厨师帽的细节设计。

他创造了"鱼肉香菇馅酥饼"（Vol au vent）、"奶油夹心烤蛋白"（Méringues）等名菜。在某些食谱的设计上，非常强调装饰效果胜过实质。有些食谱甚至以卡汉姆的名字来命名，例如，"马利－安东尼·卡汉姆火鸡面条"（Coq en pâte Marie-Antonin Carême）、"马利－安东尼·卡汉姆羊肚菌圆馅饼"（Timbale de morilles Marie-Antonin Carême）、"马利－安东尼·卡汉姆炒鸡蛋"（OEuf brouillé Marie-Antonin Carême）、"马利－安东尼·卡汉姆水煮蛋"（OEuf dur Marie-Antonin Carême）、"马利－安东尼·卡汉姆水煮箬鳎鱼"（Sole poché Marie-Antonin Carême）、"马利－安东尼·卡汉姆鲜奶油野鸡"（Faisan à la crème Marie-Antonin Carême）等。

卡汉姆逝世于 1833 年。

L'Art Culinaire

厨师中的国王——
奥古斯特·艾考菲耶 (Auguste Escoffier)

另一位 19 世纪末期至 20 世纪初期的传奇人物，是改变法国料理历史的大师奥古斯特·艾考菲耶。他于 1846 年生于菲勒弗—陆贝（Villeneuve-Loubet），1935 年于蒙地卡罗（Monte Carlo）去世。

艾考菲耶的学徒生涯始于十三岁那年。他最初在舅舅的店里工作，而那家餐厅当时是尼斯（Nice）最好的餐馆；之后在巴黎、卢森、蒙地卡罗的经历，更丰富了他的创作。1870 年起，他主持骑兵长官巴萨尼（Bazaine）的餐厅，并在 1892 年被德王古勒姆二世（Guillaume II）授予"御厨"。巴黎 Ritz Hôtel 的创立者 César Ritz，曾资助他在伦敦开设 Savoy 餐厅。1898 年，César Ritz 推选艾考菲耶为伦敦 Carlton 餐厅的主厨；1920 年，他更被尊崇为有史以来最受国际欢迎的厨师。艾考菲耶的厨师生涯历时六十二年，被尊为"厨师中的国王，国王的厨师"。

艾考菲耶的著作包括 1903 年与基贝（Philéas Gilbert）和费土（Emile Fétu）合写的《烹调指南》（Le Guide Culinaire）、1911 年的《伊比鸠鲁的记事本》（Le Carnet d'Epicure）、1912 年的《食谱》（Le Livre des Menus）、1927 年的《米》（Le Riz）、1929 年的《鳕鱼》（La Morue）及 1934 年的《我的料理》（Ma Cuisine）等。

食谱方面，艾考菲耶创作了"Jeannette 冷热盘"（Chaud froid Jeannette）、"晨曦仙女的大腿肉"（Cuisses de nymphe aurore）、"Réjane 沙拉"（Salade Réjane）、"Rachel 的小鹌鹑"（Mignonnet t e s de cai l les Rachel）、"Melba 水蜜桃"（Pêche Melba）。除此之外，他还帮助昔日伙伴乔瑟夫·豆南（Joseph Donon）将儿时住所改建为"烹调博物馆"。

艾考菲耶不仅是创作者，同时也是烹调工作的改革者。他建立了厨师们谨小慎微、干净、不喝酒、不抽烟、不在厨房大叫的"新形象"，并且重新思考西班牙、德国的 Sauces，以较有吸引力且容易消化的肉汁、烟熏或浓缩汤汁取代太过浓郁的 Sauces。

Les Chefs Cuisiniers

留名美食界的料理大师——
博斯伯·摩答内 (Prosper Montagné)

摩答内 1864 年生于卡卡松（Carcassonne），1948 年去世于瑟福（Sèvres）。摩答内是卡卡松一家旅馆老板的儿子。他最初在土鲁兹（Toulouse）一家旅馆的厨房工作；接着，先后在巴黎、Cauterets、San Remo 及蒙地卡罗最大的几家餐馆磨炼厨艺；之后，再度回到巴黎担任 Armenonville 餐馆的主厨；然后相继于 Ledoyen、Grand Hôtel 工作。

在 1914 年至 1918 年第一次世界大战期间，摩答内组织了中央军部的伙食团，并在北美洲待了一阵，成为芝加哥屠宰场的总裁。战后，他回到了巴黎，在 Echelle 街开设了一家餐厅，随即，这家餐厅成为巴黎最好的餐厅之一。

那段时间，摩答内创作了不少食谱。同时，他还创办了法国第一届烹饪比赛，并举办多次美食展。他的名字因"博斯伯·摩答内美食俱乐部"（Prosper Montagné Club）而流传下去。这个专业的组织由荷那·摩伦（René Morand）创建，是为了纪念厨艺大师及他们流传下来的技艺而成立的。

Mont-Bry 是摩答内的笔名，这在很多他发明的食谱上都可以见到，例如，Mont-Bry 的底菜：Parmesan 起司的菠菜泥、小牛肉配上白酒调制的 Sauce、配牛肝菇奶油酱。

摩答内的著作包括 1900 年与博斯伯·沙勒斯（Prosper Salles）合作的《有插画的伟大料理》（La Cuisine Illustrée）、1913 年的《精美料理》（La Cuisine Fine）、1929 年的《料理全书》（Le Grand Livre de la Cuisine）及《地中海盆地美食宝藏，奥克的盛宴》（Le Trésor de la Cuisine du Bassin Méditerranéen, le Festin Occitan）、1938 年和高恰克（Gottschalk）博士合作编辑的《美食百科全书》（Larousse Gastronomique）等。

第二次世界大战时，由于需要"定量配给券"才能领取粮食，于是摩答内根据战时的饮食经验，于 1941 年出版了《有无粮票的烹饪》（Cuisine avec et sans Tickets）一书。此后，他相继于 1900 年至 1948 年完成了二十多部作品。

L'Art Culinaire
料理艺术的革新者——
保罗·包库斯 (Paul Bocuse)

保罗　包库斯已成为法国酒界的代言人，其肖像出现在薄酒来等酒瓶上。

法国近期的料理艺术革新者，首推保罗·包库斯。

烹调是上帝赐予人类的恩惠，但就某种因缘际会而言，这也是一种命运的安排。包库斯，法国当代无人能出其右的厨界奇人，1926 年生于自 1765 年开始就世代相传的烹饪世家 Collonges au Mont。从出生起，包库斯周围即围绕着一群厨师。

1634 年时，他的祖先曾是金山（Mont d'Or）哥伦城（Collonges）的面粉制造商。1765 年间，磨坊的一部分被米契·包库斯（Michel Bocuse）改建为餐厅，然后传给他的儿子菲勒贝（Philibert）。而尼可·包库斯（Nicolas Bocuse）则买了一间旅馆餐厅，后来也传给三个儿子尚 – 诺勒（Jean-Noël）、尼可（Nicolas）和乔治（Georges）经营。

保罗·包库斯年轻的时候，在费纳·普安（Fernand Point）三星的餐厅"维也纳金字塔"（Le Pyramide à Vienne）当学徒。普安曾是 20 世纪法国最伟大的厨师，现在法国许多三星餐厅的主厨都曾在他的餐厅中做过学徒，如包库斯、Troisgros、Chapel 和 Bise 等。之后，包库斯又继续到巴黎的三星餐厅 Lucas Carton 钻研厨艺。

在寂静乡间成长的包库斯，很早就开始思考未来的种种可能。1959 年，包库斯回到家乡，接手经营祖先留下的旅馆餐厅，并依其心意改建成传统的法式餐厅——里昂式的，大厅内漂亮的桃木桌，每一餐因快乐与友谊仅仅服务四至五人。在这里，他接受客人喝白开水的要求，但绝对禁止抽烟。他把很多老式传统食谱的做法依时代的改变和客人的需求进行了改良，去掉多余的面粉和牛油，采用较清淡的橄榄油，让客人吃起来比较清爽。

1961 年，包库斯当选法国最出色的美食工作者；1965 年，他的餐厅成为三星的高级餐厅，并且一直持续到现在——这也成为法国的一项纪录。在他的餐厅里，

包括他自己在内共有五位法国最杰出的工作者。其他四位主厨分别是：罗杰·佳陆（Roger Jalou）在 1976 年获颁法国杰出工作者；主厨尚·佛勒利（Jean Fleury）在 1979 年获颁法国杰出工作者；糕点主厨克里斯汀·布法雷（Christian Bouvarel）在 1993 年获颁法国杰出工作者；餐厅领班毕巴拉（Pipala）也在 1993 年得到此项荣誉。一间餐厅内，同时有五位法国杰出工作者，也可以算是一项空前的纪录。

　　每天上午，包库斯都亲自到市场选择质量最好、最新鲜的产品。这个准备工作，是成就一顿好的法国餐的关键。选择食物需要根据季节时宜，如同尊崇"仪式"的心情，例如，家禽和野香菇类在秋天最新鲜，而四月乃是收获草莓与樱桃的旺季。

　　包库斯同时也是推展法国料理的外交家。他经常到世界各地推广法国菜，并且出版了两本法国菜的食谱。1975 年时，包库斯特地做了一道菜给当时的总统季斯卡（Guiscard）。另外，他创作的菜还有以龙虾为素材的"墨索酒龙虾冻"（Homard en terrine au Meursault）。

L'Art Culinaire
崇尚简单的自然主义者——
费纳·普安（Fernand Point）

另一位在 20 世纪 50 年代对法国料理影响深远的人物，就是前面提到的费纳·普安。

普安是第一位使用大盘盛小盘方式服务布尔乔亚阶级的厨师。另外他还运用大盘子、黎莫吉（Limoges）的餐具、白色的桌布、钟形罩、巴卡拉（Baccarat）玻璃杯，使整个餐桌布置传达出如同节庆般热闹的气氛。他也是第一位尝试使法国菜的口味走向清淡，更倾向于显现食材本身原始风味的厨师。

普安传达了一个非常重要的概念：越"简单"的东西越难表现，但是，这却是烘托出菜肴本身"高贵内在"的唯一准则。大自然赋予食物最独特的个性，在它面前，人类是很渺小的，应该谦虚地退居大自然后面，尽力维护它赐予我们的。

第一个发明钟形罩等特殊餐具的费纳·普安，将餐桌布置得如同节庆般热闹。

Les Chefs Cuisiniers
孕育自人生经验的料理——
二战后法国厨师剪影

二战结束后那段时期，对餐厅而言是重要的转机。人们重新回到餐厅享受清淡爽口的美食，而厨师们也一改往日的风格，由幕后的厨房走向幕前，亲自与顾客打交道，以便更了解客人的想法。

在美食年鉴《米其林》（Michelin）中获选三星餐厅的厨师，被认为代表了餐厅的灵魂。他们的料理出于内心，孕育自个人的人生经验，代表着法国的饮食艺术。这些厨师与顾客保持直接的接触，不眠不休地工作，只为了追求至高的完美境界。比如，每隔一段时间重新装修餐厅，以营造舒适的环境；不断地调整菜单内容以求新求变求得完美；热情的接待顾客。当所有外在的客观条件都能配合时，厨师方能专心致志地研究开发新的烹调技巧，餐厅的饮食内容才可能革新。

当厨师满怀着"爱"来烹调，为所爱的人下厨时，繁重的准备工作似乎变得较为轻松，做出的味道也出乎意料的好。法国当代天才型大厨亚伦·巴萨德（Alain Passard）曾对我说："每一天当我走入厨房开始一天的工作之前，我总会例行地到大厅向客人问候，但当我发现大厅中的顾客没有半个是我认识的人时，我那一天的工作心情会很低落。"中国人常说："世上最好的东西，总带有妈妈的味道。"因为，那是爱的味道。

另外一个重要的关键，是法国菜很重视的最后那一点"即兴创作"。在最后一笔完结下笔之前，总有一点犹疑与不安，然而"料理"本身即欲望的反映，需要采取主动，敢于冒险，勇于尝试。而所有一切的一切都有一个前提：不能企图篡改食物的原味，必须遵守烹调的原则。所有的创作都根植于传统，没有任何改革是无中生有的。因此，任何杰出的厨师都必须钻研传统料理，再自其中自由地、即兴地建构出适合当代的口味。

在料理的世界里，没有人"发明"，所有人都使用同样的、几个世纪以来所有前人都用过的相同材料。

　　餐桌是一个神圣如祭坛的地方；它被妆点打扮为庆祝友谊与欢乐的乐园。大自然赐予人类的食物，以爱与喜悦变化出一道道充满爱与尊敬的佳肴美酒，和所爱的人一起分享，而这正是法国料理最神奇动人的地方：制造欢乐！分享欢乐！传送欢乐！

chapitre 3

法国的餐厅

法国餐厅的种类不胜枚举，
从象征法国文化的"咖啡馆"，
到洋溢浓浓家乡味的"酒吧间"、
强调家乡地道料理的"啤酒店"、
布尔乔亚风格的"精致美食餐厅"、
追求快速方便的"快餐餐厅"，
以及田舍风味的"小旅馆"……

Les Restaurants
汇聚思想与文化的舞台——
咖啡馆 (Café)

　　法国餐厅的种类不胜枚举，从最受欢迎、象征法国文化的"咖啡馆"（Café），到受美式快餐餐厅影响日益衰微的"酒吧间"（Bistrot）；而强调传统菜、家乡地道料理的"啤酒店"（Brasserie），在法国一片"传统菜"、"家乡料理"的复古风中，似乎有起死回生之势；承袭皇室贵族、布尔乔亚料理风格的"精致美食餐厅"（Restauration Gastronomique），有些甚至位于具有历史价值的建筑物或大饭店内，建筑古色古香、装潢金碧辉煌，光厨师、助手与服务人员加在一起就有一百人之多，在此等地方享用美食，仿佛受到王公贵族、政经名流般的礼遇；受美国"汉堡、薯条、可乐"快速、便宜、方便、不拘礼节影响的"快餐餐厅"（Restauration Rapide），逐渐侵蚀了标榜"吃就是艺术"的法国料理，正在颠覆凡事讲究"精致"、"慢条斯理"、"用餐礼仪"的法国餐饮文化；

还有一个不能不提的"小旅馆"（Auberge），给我最亲切的回忆与家庭式菜肴的温馨，至今一直都无法忘怀。

　　就从最受欢迎的"法式咖啡馆"谈起。通常这种店也兼售烟酒，间或卖些简单的法国面包三明治、沙拉、肉冻冷盘，过去法国人称其为"刀叉午餐"（Déjeuner à la fourchette）。

世上第一家咖啡馆，据说 1550 年开在土耳其君士坦丁堡；而巴黎的第一家咖啡馆则是于 1672 年由一位名为帕斯卡尔（Blaise Pascal）的亚美尼亚人开设。除了 Espresso café 外，还供应传统的法式鸡尾酒 Kir（一种混合麝香白葡萄酒 Muscat 与覆盆子或樱桃口味的利口酒）。但是，逐渐地，咖啡成为葡萄酒、酒精性饮料之外，最受法国人倾心的社交性饮料。

在咖啡馆中，形成另外一种新的生活形态。人们在咖啡馆读书、写作、下西洋棋、玩牌、抽烟、聊天，思想南辕北辙的人、对时局不满的骚人墨客，都来此交换想法。法官兼作家孟德斯鸠（Charles-Louis Montesquieu, 1689 ~ 1755）在《波斯的信函》（Persian Letters）一书中曾说："如果我是此地最高权力的掌管人，我会下令关闭所有咖啡馆，因为那些经常逛咖啡馆的骚人墨客，最容易沸腾他们的批判思想。"

在咖啡馆里，人们批评一切，包括政治时局。第一位在咖啡馆公开发表演说的是著名政论家德穆里（Camille Desmoulins，1760 ~ 1794）。

1789 年 7 月 13 日，德穆里在建于 1725 年的巴黎皇宫附近广场上的"佛依咖啡"（Café de Foy）中进行了一场热血沸腾的演讲，为法国大革命点燃了引线。

法国大革命平静之后不久，咖啡馆老板们又纷纷在凉台、骑廊下的人行走道里设立露天咖啡座，人们经常可以在这里遇到著名艺术家。例如，巴黎以悠久人文传统闻名的"左岸咖啡"，不少法国大文豪均在此写下他们的不朽著作。又如，闻名世界的"双叟咖啡"（Les Deux Magots），自 1875 年开幕以来，即成为巴黎文学家、艺术家荟萃的地方。此店一直为法国文人西蒙·波娃（Simone de Beauvoir，1908 ~ 1986）的最爱选择，同时也是其伴侣沙特（Jean-Paul Sartre，1905 ~ 1980）的次爱选择（沙特的最爱为 Le Procope）。而另一间位于圣杰曼大道（St-Germain-des-Près）的"花神咖啡馆"（Flore），亦以《情人》（L'Amant）一片闻名。至于右岸的咖啡馆，则多为明星、观光客看完表演后稍做小憩的地方。如位于香榭丽舍大道上的"傅柯咖啡"（Fouquets），其店内充满了 20 世纪 60 年代至 70 年代电影明星、歌星、舞台剧红伶、艺术家的闪亮签名照片、素描，是拥有无数甜蜜回忆的 French Hollywood。

自从 19 世纪奥佛涅人（Auvergnats）到达巴黎以来，各种商业交易就在咖啡馆渐渐展开。咖啡馆还兼卖煤炭、算钱机（即现在的收款机）、茴香酒、烟草、奖券、汽车的纳税票证等。

"咖啡馆"几乎成为法国的形象代名词。在这里，人们可以打开话匣子天南地北地聊，不少文学家、戏剧电影导演、幽默作家、诗人几杯酒下肚后，许多惊人的念头一箩筐地倾吐出来，严肃的字句因酒精的作用而抹上不真实的色彩。大约，喝酒后吐露真言，多半是出自肺腑，所以容易被当成疯话。

我印象最深刻的，是在咖啡馆遇到不少长得奇形怪状的作家与随时等待被星探发掘的演艺学校学生。作家们有些身着如拾荒老人般的服饰，头戴扁皱褪色的鸭舌帽，身穿风衣；有些脸像风干的柿子，皱纹如用刀刮过的痕迹，错落不均地分布在脸庞，失去平衡的下巴，则如刚被拳击手的左勾拳击中般，瑟缩在束起领子的风衣中，独坐角落。他们一手摇着吞云吐雾的烟头，一手在纸上沙沙地默默耕耘着……就在当下，所有美丽的爱情故事与经典名著，就这样在一杯小小的、浓缩的 Espresso café 中诞生了。

咖啡馆当然也是恋人约会最好的地点，无论是苦恋、暗恋、单恋、热恋或畸恋、失恋，甚或老夫老妻、新婚、情侣等，都喜欢在咖啡馆耳鬓厮磨。每到春天，整个巴黎咖啡馆前的露天咖啡座便挤满了热恋的情侣，这也成为了巴黎观光特色之一。虽然法国咖啡馆供应各式冷盘、简餐，但是，热恋中的情侣往往只饮爱情的汁酿，无需物质三餐，任由桌上的咖啡由滚烫转为冰凉。至于老夫老妻，在经历过多变世事，如还能珍守此生爱情承诺，仅一杯咖啡也足够系住两颗已融化一体的心。倒是相处有些时日而感到热情逐渐疲软的夫妻或情侣，不是两者各持咖啡杯各视一方，望着不同的方向做梦，就是大口大口地吃着三明治来搪塞两人情感的鸿沟。

所有法国美丽的爱情故事与经典名著，都在一杯小小的 Espresso café 中诞生。

Les Restaurants
吃的"新"生活哲学——
快餐餐厅（Restauration Rapide）

　　"快餐餐厅"不仅包含美式麦当劳等快餐餐店，也涵盖了咖啡厅。这些餐厅提供的冷热食物大多为事先准备好的冷冻食品，并于柜台或自动贩卖机出售，没有任何服务可言，人们或站或坐着吃，快速地"吞"下一餐。

　　我一直很排斥"快餐餐厅"，但是，无可避免地，这种便宜不到哪儿去，又充满西红柿酱、胡椒粉、盐与牛油的高卡路里汉堡薯条套餐，已经成为与现代生活态度糅合的一种新式吃的哲学。不讲究吃法、Self-service的个人主义时代，连吃一顿饭都要如家中一般，只差没有自己清洗餐具。而快餐店中一贯的白光灯泡，总让我想到太平间入口……甚至曾有传闻，汉堡的牛肉是以压碎的泥鳅肉混成，想到这里，我就难以下咽。

　　这类餐厅大多设于大学、公司、高速公路休息站或大城市。今日越来越多的法国新新人类选择来这类餐厅吃饭。在繁忙的商业社会，"时间就是金钱"的观念错使人们认为"吃"是一件不重要的事，仅仅是为了果腹而已。人们完全忘记了"吃饭"是一件等同于呼吸般的重要大事，需要用心经营才行。吃所带来的欢乐是不能由这类快餐餐厅提供出来的。

　　近来，法国大厨相继投身"校园味觉运动"，帮助下一代重新恢复"味觉"。他们亲自做出美味的法国传统美食，并教导年轻的学童尊重每个材料的自然原味、尊重食客是法国美食的重要传统。

糅合现代生活与个人主义时代的快餐餐厅"新式"吃的哲学。

L'Art Culinaire
洋溢浓浓家乡味的家庭式餐馆——
酒吧间（Bistrot）

　　"酒吧间"的内部装潢极尽简单之能事，同时，它也是一种介于豪华餐厅与咖啡馆之间的家庭式餐馆。在这里，可以吃到许多家乡的料理，诸如各式猪肉、火腿、香肠、奶酪，并有"当日特餐"搭配便宜的"日常餐用酒"（Table wine），还有由沙拉或汤、主菜及自新鲜草莓派、苹果派、巧克力慕斯或鲜奶油水果泥中任选其一的甜点所组成的"套餐Menu"，有点相当于我们的商业午餐，消费大约在八欧元至十欧元之间，可谓物美价廉。

　　"酒吧间"的出现是在"咖啡馆"之后，约始于19世纪初期。1815年哥萨克（Cosaque）军队驻扎巴黎时，士兵们均在"酒吧间"以快餐来果腹。"酒吧间"的法文原名Bistrot，来自Bistreau，起源于法国西南部，原意为"放牛人"，指结实的男人。因通常酒吧间的老板身材都很魁梧高大，所以延用并转换为Bistrot。

　　今日的酒吧间，因法国人对家乡地区酿酒的日益迷恋而受到前所未有的欢迎。

　　在首都巴黎，越来越多的"酒吧间"成立。一方面，因为受到法国经济不景气的影响，没有足够的工作机会，导致越来越多法国人投身到这个小本经营的行业。另一方面，对一向热爱法国家乡酿酒与地区料理的法国人而言，这正是一份结合兴趣与现实的工作。

　　喜欢法国菜的朋友，如果有机会去到里昂（Lyon），千万不要错过里昂的"酒吧间"。里昂菜如同里昂人，总带着浓浓的乡愁及里昂人特有的慷慨，只恨客人吃不饱。

　　我还记得第一次吃里昂菜是在巴黎十四区一家奇特的"酒吧间"。餐厅老板尚·尚里雍（Jean Chanrion）是一位有着两撇弯弯翘翘法式绅士胡的胖胖里昂人。当时我的日本导演朋友很紧张又很神秘地对我说："这家店的老板脾气很古怪，一个星期只营业两个晚上，而且看不顺眼的客人还不给进门，也不接受预约。不过，据说吃过他的菜的人，都绝不会忘记那浓浓的家乡味……"

当我和日本老饕朋友进入这个约二十平方米大、却有十来张桌子的狭小餐厅时，首先映入眼帘的是油腻腻的壁纸上悬挂着的几幅尚讽刺诙谐的自画像。画中秃头矮胖、身着脏兮兮、油腻腻围裙的他，剪影是高瘦而长满头发、有点像长腿叔叔的绅士。尚的菜单全都是手写的，潦草的字迹在黑板上飞舞着"今日菜单"（Menu d'aujourd'hui）几个字。尚虽在脖子上挂着油腻腻、脏脏的围裙，却毫不在乎地来到我们面前，边摸着胡子尾端，边向我们介绍一道道菜的内容。

　　餐厅内几乎清一色是法国人，这和巴黎或其他大城市一般法国餐厅多是国际人士聚集的情况不同。大伙儿都很自在地穿着家居服，三两好友边话家常边用餐，人声滚滚，在寒冷的冬天传出热乎乎的人气。尚捧着一个长方形的陶土瓮，里面盛著名的里昂猪肉冻（Tête roulée），放置在餐桌旁的小原木桌上，还有一条法国乡村面包（Pain de campagne）则置于桌上的木头板子上。不一会儿，他又拿出一瓶连标签都被撕掉、却隐约可以辨认的薄酒来（Beaujolais），猛地放在桌上，很豪气地说："里昂猪肉冻和面包！你们高兴吃多少就吃多少，Bon appétit！"

　　不等尚完全转身，我即以迅雷不及掩耳的速度切下厚厚一片猪肉冻，接着又切下一片面包，交替着两者，配着薄酒来，就这么一口接一口吃喝起来，时间一下子仿佛不存在了，只有饮食的欢乐。

　　至今，我一直很难忘记那间油腻腻、脏脏的"酒吧间"、矮胖的厨师尚，以及里昂猪肉冻的浓郁味道。

L'Art Culinaire
热闹喧腾的不夜城——
啤酒店 (Brasserie)

"啤酒店"（Brasserie）这个字起源于专门制造啤酒的工厂，当时人们称磨碎的大麦为 Brai。1850 年开始，当地人也称消费"大麦饮料"的地方为 Brasserie，性质有些类似居酒屋。在那儿，人们可以同时享受地道的阿尔萨斯地方菜"腌酸菜配土豆猪肉"（Choucroute）搭配啤酒，或者生蚝海鲜盘配阿尔萨斯白酒。

除了上述两种知名的菜肴外，在"啤酒店"也可以消费热食，而其菜单内容的安排多为传统菜肴，并且全天候提供用餐服务，甚至午夜时分依然有热腾腾的餐点供应。在有些甚至二十四小时开放的"啤酒店"里，人们可以吃到"尼斯沙拉"（Salade Niçoise）、"朗德沙拉"（Salade Landaise）、"洋葱干酪丝烘烤的面包汤"（Gratinée à l'oignon）、美味的"鲜鱼浓汤"（Soupe de poisson）、"勃艮第蜗牛"（Escargots de Bourgogne）、"培根鸡蛋派"（Quiche Lorraine）、"奶油煎裹粉箬鳎鱼"（Sole meunière）、"酒焖子鸡"（Coq au vin）、"牛肉蔬菜汤"（Pot-au-feu）、"古法白汁牛肉块"（Blanquette de veau à l'ancienne）、"勃艮第炖牛肉"（Boeuf Bourguignon）、杜尔的家乡菜"扁豆烧肉沙锅"（Cassoulet）、"地中海鱼汤"（Bouillabaisse）等等。一言以蔽之，这些令人难忘的老奶奶遗留下来的家乡料理，即为法国菜闻名世界的主因。

全世界最古老的啤酒店于 1589 年在德国巴伐利亚的慕尼黑市开业。这家老店至今仍存在。啤酒一直是受大众欢迎的饮料，而通常啤酒店的摆设也大多承袭传统，使用木桌及木制的长板凳。虽然巴黎的啤酒店成立得很早，但刚开始时只有少数几家，直到 1870 年战后，阿尔萨斯人及洛林人往巴黎迁移，才将阿尔萨斯的啤酒店风情带到巴黎。一时之间热闹喧腾的气氛点亮了整个巴黎，为巴黎的"不夜城"之名更添风采，也成为无数印象派画家、作家笔下最爱的题材之一，如佐拉的小说《酒店》（L'Assommoir）更全然以此为背景。在 1840 年至 1940 年间，常可见到作家、艺术家、政治家及记者围坐在啤酒店内桌子旁玩牌、喝酒、聊天、下棋、写作的景致。

啤酒店热闹喧腾的气
氛点亮了整个巴黎，
为巴黎"不夜城"之
名增添风采，也成为
印象派画家、作家笔
下最爱的题材。

在今日的巴黎，仍可见到下面几家古老的啤酒店：

● "丽圃"（LIPP），位于第六区的圣杰曼大道，至今仍延续着 Pousset 的传统，
是记者与作家汇集之所。

● 位于巴黎第十一区巴士底附近的"玻分阁"（Bofinger），以及位于巴黎第
十区小马厩通道的"福楼"（FLO），内部摆设仍保留二十世纪初的气氛。

● 位于巴黎香榭丽舍大道上第八区的"阿尔萨斯屋"（La Maisond'Alsace），
也是非常值得拜访的地方。从建筑外形就依稀可感受到阿尔萨斯特别的建筑
风景特色：尖长的屋顶、木头梁架。

● Le Procope，位于巴黎第六区的古喜剧街，是巴黎历史最悠久的老啤酒店。
这家啤酒店由著名的意大利人弗朗西斯柯·波柯皮欧（Francesco Procopio
del Coltelli）于 1686 年开设，随即这里便成为文人、艺术家、政治家与哲
学家的聚会之所。

啤酒店在法国的重要性，并未如英国或德国一般。在这些国家，人们在啤酒店
唱歌、跳舞、喝酒、打撞球，放纵情感奔流，那是人们每天约会的地方；但在法国，
这个日常生活的主角却多半由咖啡馆担纲。

L'Art Culinaire
You are the King! ——
精致美食餐厅 (Restauration Gastronomique)

　　"精致美食餐厅"在一般人心中，等同于高级餐厅的代名词，但是 Gastronomie 的原始含义却是"无论在任何情况与任何年龄下，创作一切好的东西的艺术"。

　　首先将 Gastronomie 与美食联结在一起使用的，是著有《美食：餐桌上的人》（Gastronomie-l'Homme des Champs à Table）的贝舒（J. Berchoux）。而这个字第一次被载入的书籍，则是 1803 年在克兹·马格纳（Croz Magnan）所写的《巴黎美食》（Gastronomie à Paris）一书。1835 年，法兰西学院更将 Gastronomie 这个字正式加入字典之中。至于 Restaurant 这个字则出现于 16 世纪，原意为"以食物来恢复元气"。

　　一般而言，这类餐厅的服务员都历经了严格的专业旅馆服务训练。餐厅内设有专业的品酒师，并且有主厨精心设计的"品尝 Menu"（Menu dégustation）及菜单（Carte）。来这种餐厅用餐，需身着正式宴会服，并事先订位，用餐时间则必须遵守餐厅的规定。通常男女一起用餐时，只有给男性的菜单上才会注明价目。所以，喜欢美食的你，请好好在法国利用这"入境随俗"的机会，邀请你的男朋友进行一次"爱情测验"，试试他的绅士风度如何：是否选择最好的位子给你？是否先帮你拿着脱下的大衣，拉出椅子等候你入座？是否能倾心且有礼地询问你喜好的菜色、酒种，帮你设计出最好的"情人套餐"？付账时，通常服务员会以非常技巧的方式将账单藏在餐厅的名片下。身为女士的你，此时不需面有难色，而是应该若无其事地说："今晚的菜肴与美酒的搭配真是完美极了！这家餐厅真是我吃过最好的一家。"通常，这样的话会使你对面的男士付账时少些痛楚。若是你再给他一个灿烂的微笑，我相信，他会带着你入梦。

　　其实，在这种餐厅吃饭的快乐除了享用美味可口、精致但昂贵的佳肴外，还有两个最大的享受。其一为享受如维多利亚女王般王公贵族的待遇。一百多位员工环候着你，严密而惶恐地注视着你的一举一动，你的任何小动作都会使得他们鼻尖的

正沉湎于透着神秘魔力的松露奶油汤中的法国厨师。

汗珠滴落；你稍微一皱的眉头，喝汤时清一清喉咙发出的含混声音，手指尖轻划过桌布、刀叉相撞的声音，都会变成极具刺激性的音符，在豪华而冰冷的用餐大厅里，激起一种近乎回音的诡异效果。飘然间，你会以为"I am the King"。

另一项享受则是欣赏用餐的顾客。在这儿，可以发现各形各色的客人，如前来过结婚周年庆的夫妻、谈生意的商人、电影明星、成名的艺术家、作家、政治家等；最稀奇的是，某次用餐时，我在那里都能遇到巴黎著名的华人美食家。

他是第一位到达餐厅的顾客，安静地坐在转角靠墙壁的位子，身穿简单而寒酸的西装外套、未打领带的白衬衫，身材瘦弱矮小，鼻梁上则架着一副黑框眼镜，严肃而专注的眼神，仿佛在沉思……他一言不发，专心地观察盘中的每个细节，进身闻闻盘中传送出的香气，细心地将盘中物以刀叉轻拨，并切成小块，沾点 Sauce，再逐一地往嘴里送入。这一闻、一看、一尝的动作，以合作无间的韵律感进行着。

大厅其他人与他之间好像存在一道无形的墙，此刻的他是身处于一个完全与现实隔绝的世界。我看着他，他却连眼帘也未抬一下。难道，美食的世界是如此迷人，比世间更令他满足吗？

谈来谈去，却忘了谈美食餐厅的历史了。第一家正式的法国美食餐厅成立于 1782 年，名叫"伦敦的大酒店"（Grande Taverne de Londres），位于巴黎第二区李察里佑（Richelieu）街。该餐厅的主人为安东尼·包菲利耶（Antoine Beauvilliers）。

包菲利耶曾经为普罗旺斯的伯爵担任主厨。他也曾身着军服，被顾客以剑点两肩，正式被受封为"味觉荣誉骑士"。对包菲利耶而言，那真是毕生难忘的回忆。他对宾客非常熟悉，能摸清他们的秉性，并切合需要做出适当的建议。

包菲利耶的菜单安排得极具特色，如"菠菜配炭火烤的崁猪油小牛肉片"（Fricandeau aux épinards）、"鸭肉萝卜"（Canard aux navets）、"鲤鱼鱼精的圆馅饼"（Tourte aux laitances de carpe）、"山鹬热馅饼"（Pâté chaud de bécasse）、"多菲内的小牛犊胸线"（Ris de veau à la Dauphine）等。为了表达出真正的法国料理艺术，他在 1814 年撰写了《厨师的艺术》（L'Art du Cuisinier）一书。此外，他也和另一位伟大的厨师卡汉姆合作，共同编写了《家常料理》（La Cuisine Ordinaire）一书。

法国高级餐厅的革命过程出乎意料地顺利。特权的废除给予了很多有才华的大厨师一展身手的机会。他们纷纷展开个人的冒险，客人则多半为政治家、文学家、艺术家、商人等掌握社会财富的新贵。

通常，一位才华卓越的厨师不但教导大众品味，也引领大众走向新的味觉境界。

19 世纪著名的记者及作家查理·皮耶·梦塞雷（Char les Pier re Monselet）曾表示："美食是人世最高境界的享乐，不分年龄，不分身份；它给予美及精神的极致享受，操纵着宽容与雅致风流。"

法国权威美食评鉴——
《米其林》与《Gault & Millau》

谈到美食家，就不得不提法国最具代表性的两本美食指南：《米其林》及《Gault & Millau》。

《米其林》由知名的米其林轮胎公司延聘专业人士组成。自 1900 年出版，至今已印刷发行了八十八版，为世界知名的美食导览，以星级为餐厅分级，最高可达三颗星。三星的餐厅代表"厨艺完美"，现在总共约十七至二十家，而每年都会有些细微的更替；两星的餐厅有六十至七十家，代表"非常不错的餐厅"；至于一星的餐厅则高达一百五十家左右，意指"不错的餐厅"。

《米其林》的评分人员在法国被称为"靠嘴巴吃饭的职业"（Métier de Bouche）。这些专家都是从事餐饮、面包、肉类、糕点、酒类相关行业达三十年以上的五六十岁专业人士。评鉴标准是从进门的那一刻开始，招待人员的态度与方式是否让客人有宾至如归的感觉？餐桌的布置、鲜花的搭配、餐具是否为一流质量？诸如酒杯是否为水晶杯，盘子是否为瓷器制品，餐具是否为纯银？空间感是否舒适？侍者如何出示菜单？如何解释菜单的内容？如何建议客人适当的菜肴及上菜顺序？端菜的方式及服务客人进餐的步骤：从盛菜、解释每道菜的内容，到加满水杯及酒杯等小动作是否优质？菜肴本身所用的素材是否为最上等？盘中的摆设在口味、颜色、造型设计上是否都很用心？其他如底菜的搭配、烹调技巧等，都在评分人员的考虑范围之内。除了厨艺本身，酒窖的储存、品酒师的专业素养，以及创意、餐厅的整体格调、饭后的消化酒与甜点安排、账单的出示方式等，都在评分的参考项目之内。

《米其林》以传统的做法评判法国餐厅与旅馆的质量。一星都得不到的餐厅，也有不少。《米其林》评分的严苛是它得以傲视美食权威界的首要原因。经评鉴为三星的餐厅，通常已经经过《米其林》至少数年的观察，若是此餐厅的表现持续维持在水平以上，才会给予三星的评价，可谓追求"美食艺术的绝对完美之境"。但是，同为美食美酒权威评判的《Gault & Millau》，则持与《米其林》完全相反的路线。

《Gault & Millau》是亨利·高特（Henry Gault）及克里斯汀·米罗（Christian Millau）两位美食记者于 20 世纪 60 年代创办的。原本是一本美食美酒杂志，由一群非常专业且喜欢美食的记者组成，他们喜欢发掘新人，诸如"年度最佳厨师"、"各区明日之星"等项目，都是为了鼓励新生代厨师而设立的。此外，在表现形式上，《米其林》由专业人士组成，他们的选择代表了一定的水平与专业形象。但是，不擅写作的他们，评价中永远是寥寥数句代表性的酒名、菜名，最多加上开放及休息时间、价目等。这种方式很简单，但对初学者而言，却是过分硬性规定的教科书，只写一些莫名所以的菜名，就得满腔热情地把钱掏出来，有一点太……但更惨的是，若想要在茫茫深山中找一间三星的餐馆，可能需要厨师多在汤里撒点阿里巴巴的香料才行。在这两点上，《Gault & Millau》就善解人意多了。

首先，《Gault & Millau》会分区并附上简图，标示出餐厅的路线与路名，而不是让你瞎子摸象般地大海捞针。另一点值得称许的，是《Gault & Millau》将每家餐厅厨师的特色、长相、老板娘的美丽与亲切的笑容、招呼客人的方式（说 Hello 还是点头微笑）等细节，毫不遗漏地写下来。当然还有那一道道可口菜肴的滋味、使用的材料、餐厅的布置、餐具，甚至厨师的美食哲学等也有记述。此外，还会再加上一点该餐厅的历史轶闻与厨师背景资料、抱负。对我而言，阅读《Gault & Millau》如同读一本"法国厨师列传"与"美食冒险"的合辑，精彩而引人入胜，读完好比肚子里装满了美食。

《Gault & Millau》绝对不只是一位冷静严格的美食导师，而更像亲切热情的台湾美食夜市的小贩，兜售现做的热热食物。

傲视美食权威界的美食宝典《米其林》和唯一可与《米其林》匹敌的《Gault & Millau》。

Les Restaurants
田舍风味的休憩站——
小旅馆 (Auberge)

　　"小旅馆"原本设在修道院内，是专供旅游者及他们的牲口套车做旅途的休憩站，并帮助他们为牲畜补充粮草及饱餐一顿。通常这些由修道院提供的住所都是免费的。直到 16 世纪，小旅馆才有商业交易行为。

　　今日的小旅馆是乡间的旅馆兼餐厅，通常位于隐秘的林间小道或高山一隅，面对峦峦山峰，听着虫声鸟鸣伴着清晨的第一道阳光迎接你起床；阵阵浓郁的草香、花香随着微风自窗缝间透过；早上享受着刚挤出来的牛奶或羊奶，还有新鲜的鸡蛋与自制的火腿与优格，再加上刚出炉暖烘烘的面包；晚餐则围坐在老式的火炉前，喝着热腾腾的蔬菜牛肉浓汤，吃着地道的家乡菜肴与地方美酒。这样的生活环境本是"此景只应天上有，人间难得几回闻"，但是在法国乡间的小旅馆却可找到，它提供了一个安静、让人放轻松、隔绝繁扰尘世的所在。

　　通常这里的气氛很家庭化，设备也没有豪华旅馆繁重、气派，饭菜大多为简朴的家乡味料理，餐具则是很具地方特色、一般村民家庭用的器皿，但是旅馆主人的招待却一点也不比大饭店逊色，充满了质朴的情趣。

　　在法国美食界，这样结合了"田舍风味"与"旅馆"特色的小旅馆愈来愈稀少，很多都已经被迫歇业或改建成舞厅及现代化饭店。至今仍保存下来的少数几家，仍以"田舍风味的旅馆"（Hostelleries）、"烤肉馆"（Rôtisseries）、"隐修院"（Prieurés）、"驿站"（Relais）等旧名出现。

　　一般而言，想要了解当地土产的快捷方式，就是拜访小旅馆。因为小旅馆如同一扇代表当地风土文化的橱窗，所有土产都融入菜单中，并经过他们的巧手天工，成为一道道展现当地特殊风味的乡村佳肴，例如起司、地方酒、香肠、香菇、蔬果、油、醋、香料、家禽类、野禽类、奶油等，所有产品都是手工业者自家制造。因其精致而只限于少量生产，通常无法在超级市场购买到这种质量的产品。

　　在法国乡村，80% 以上的法国人来自务农的家庭。"家庭"对他们而言是非常重要的场所，而"一家人团圆吃饭"也是非常受到尊重的时刻。如今，日益都市化的生活虽然使得家人分散各地，无法再如往常般好好地聚在一起吃一顿饭。但是，遇到特殊的节庆，如生日、宗教聚会、婚礼，甚至各种朋友聚会或小孩诞生、受洗，都是家人聚集享受佳肴的良机。我曾经受邀参加过不少这样的聚会，每次都是尽兴而归，成为生命中最值得纪念的回忆。

"一切来自大自然的，也应该与大自然共享。"法国人是尊重自然、喜好美食、美酒、美好人生、爱好与好友家人分享欢乐的民族。所有法国乡下人每逢晴天时，总喜欢在露天庭院用餐，或者到郊外野餐。通常菜肴都以陶土制或铜制的大容器盛装，上面摆置一副特大的、给巨人用的刀叉，先由客人以此副刀叉取用自己需要的量，再依序传递给下一位取用，主人通常是最后一位。用餐时通常男生坐一边，女生坐另一边。但这不是"男尊女卑"的表现，而是男人们的话题多半围绕农事与工作，而女人多谈论孩子与食物，孩子们则在花园或森林中嬉戏，各依喜好分隔阵营。

当男人与女人谈话尽兴后，会互相给予深情的注视，接着一对对夫妇或情侣牵着各自的伴侣，或在森林、或在大自然间，寻找幽静的角落散步。年轻人则仿若欢乐的森林仙子与酒神，围成圈圈，又唱又跳。

法国有一句古老的谚语道尽一切："告诉我你吃什么，那么，我也可以告诉你，你是哪一种类型的人。"

隐秘于林间小道的乡间餐厅旅馆，通常气氛家庭化，并多为简朴的家乡料理。

Brest

Calvados   Caen
Cidre   Camembert

Saint-Brieuc
Guéméné

Guérande

Strasbourg

Ammerschwir

Gérardmer

Anjou

Challans   Vendée
Tours
Saumur-   Chinon
Champigny

Soumaintrain
Époisse
Chablis
Dijon
Persillé
Charolais

St-Nectaire   Beaujolais
Limousin
Dombes
Côtes   Mont-d'Or
d'Auvergne

Pauillac

Echourgnac   Sarlat
Arcachon   Rocamadour
Bazas   Quercy

Tricastin   Sisteron
Nyons
Châteauneuf-   Apt   Nice
du-Pape   Aix
Marseille

Pays   Agen
Basque   Roquefort   Armagnac
Madiran   Gascogne
Béarn   Toulouse

Cap Corse

Aléria

chapitre **4**

地区性料理

"我无意间闯进这奇妙的栗园，
却完全无迷路的懊悔，
反而充满无上温柔的喜悦，
因为我发现了这个美味的宝藏。
当地居民以无限的慷慨与热情接待我，
让我流连忘返……"

摘自皮耶·贝佤《苏赛哈克的午餐》

Les Cuisines Régionaux
融合严肃与欢愉的双胞胎——
阿尔萨斯（Alsace）／ 洛林（Lorraine）

　　阿尔萨斯，融合了德国与法国两地的文化，却呈现出一种完全的"阿尔萨斯风格"。路易十四在 1681 年刚接触史特拉斯堡（Strasbourg）时所发出的第一声赞叹，竟然是："多么美丽的花园！"小小的阿尔萨斯，仅占法国面积 1.5%，却因拥有不凡的灵魂而在世界独树一帜。

　　它的景观非常独特，传统的屋子多由木梁搭成，屋顶高尖。此外，颈项长长的鹳鸟是阿尔萨斯的市鸟。若留心便会发现很多屋顶都筑有鹳鸟的爱巢，这已成为当地的奇景之一。

Strasbourg
Ammerschwir
Gérardmer

　　对阿尔萨斯而言，没有任何事比和三五好友共聚于父辈们曾待过的餐厅中，围坐在一张木桌旁，将餐巾紧紧地围在下巴周围，等待侍者端来一盘盘暖烘烘的食物更让他们兴奋了。在那里，料理涵盖了完全相反的两种特性：一方面如日耳曼民族般严肃，而另一方面如拉丁民族般欢愉。

令人心醉神迷的无上喜悦

　　提到"阿尔萨斯风的料理"，当下出现的影像便是胖胖的厨师手托着一只大托盘，摇摇摆摆地以华尔兹舞步扭到你面前，盘上高耸过他鼻尖的烤肉或文火慢炖的鹅或鸭肉还冒着热气，因热蒸气而还在盘中不安地滚动的肥香肠，正以庞大的身躯覆盖着盘面，再加上几片腊肉，而可怜的白甘蓝菜（Choux blanc）在左攻右夹下快要丧失自我了。另一道非常阿尔萨斯风味的"鹅肝蛋"（OEuf au foie gras），通常是以类似炖中药的瓦罐或"石中剑"中阿瑟王寻找的长生不老之杯模样的"金属馅饼圆模"（Timbale）盛着。

　　谈到鹅肝，就不能不提由尚－皮耶·克劳斯（Jean-Pierre Clause）发明的"阿尔萨斯圆馅饼"（Tourte d'Alsace）。若不是他的努力，法国鹅肝也不会名满天下。

　　克劳斯是18世纪的传奇人物。他为崇尚美食的老饕克斯塔（Constade）侯爵掌厨。当时克斯塔侯爵刚被派到外省阿尔萨斯做军事长官，每天面对了无新意的当地传统菜肴，心情非常低落，于是命令克劳斯更新传统菜的做法。绞尽脑汁的克劳斯，利用当地美味的肥鹅肝做引子，在圆馅饼的面皮里放置一片非常薄的肥肉和牛肉的肉馅泥，再于其上堆放一整个肥鹅肝，最后覆盖一层面皮，并以小火烤制。这道前菜在推出后立刻受到欢迎，因此又被命名为"克斯塔侯爵鹅肝"（Foie gras à la Marquise Constade）。

　　这个爱吃的侯爵也是深谙将美食作为晋身之阶的老饕。他将一块"克斯塔侯爵鹅肝"献给了同样爱吃的国王路易十六。路易十六试吃后，惊叹："激起心醉神迷的无上喜悦的佳肴！"当下便将这道菜命名为"史特拉斯堡鹅肝圆馅饼"（Tourte du foie gras de Strasbourg）。自此之后，所有香肠店老板都开始兜售这个名噪一时的菜肴。现在阿尔萨斯人多半将鹅肝揉软至长筒形，再在其中塞入一些松露切片，这即是当下所称的"科勒马鹅肝"（Foie gras d'oie de Colmar）。

围绕十字架的戒指

　　除了史特拉斯堡有名的肥鹅肝外，阿尔萨斯还有两个闻名全法的特产：甜点"阿尔萨斯奶油圆蛋糕"（Kouglof）及面包"8字形松饼"（Bretzel）。

　　前者为以中空螺旋形的蛋糕模烤成形状如堆放雪人的奶油圆球蛋糕（Brioche），并在里面附上葡萄干，出炉后在面包上撒上糖粉，吃起来非常松软香甜。通常阿尔萨斯人于星期六晚上准备好Kouglof，然后等到星期天早餐时才食用。据说这样稍微不新鲜的味道吃起来会更有滋味。由于当年玛丽·安东尼（Marie Antoinette，1755～1793）皇后对这个甜点情有独钟，使得当时法国糕饼店充斥了大大小小这种形状的蛋糕。这股热潮持续到18世纪中期才退烧。

　　倒是奥地利人与波兰人保存了这道甜点的传统做法，并在民间广为流传。当卡汉姆在阿佛斯（Avice）糕饼店工作时，自奥地利史瓦兹伯格（Schwarzenburg）王子的主厨俄贞（Eugène）那里获得食谱，才将这尽乎失传的Kouglof带回巴黎，并

自此成为阿尔萨斯的糕饼代表。在雷伯城（Ribeauvillé），甚至有Kouglof节庆，通常在每年六月的第二个星期日举行。

　　在德文中，Kouglof代表"圆球"，是奶油圆球蛋糕（Brioche）的原始造型。而咸味的Kouglof版本，通常混合肥肉与核桃，再配上Riesling或Pinot blanc的清淡白酒一起享用。

　　"8字形松饼"则因面包造型而闻

造型独特的"8字形松饼"。

充满圣诞欢乐气氛的 Kouglof。

名——"8 字"的造型被镶嵌在椭圆形圆环中。传说，"8 字形松饼"以前的造型是一只围绕在十字架上的戒指，为用来祭拜太阳的"圣物"，而今日却成为面包师傅与糕饼师傅合作的象征。"8 字形松饼"是于烤成金黄色的面皮上刷一层蛋白汁及撒上一层粗盐或枯茗（Cumin）后，再放入炉内以高温烤成。其实，与其说"8 字形松饼"是面包，不如说是硬饼干来得更为恰当，因为要慢慢地"啃"才能嚼出其中的滋味。吃起来让我想到白啤酒，苦苦的，而细细的面粉粒又好像是啤酒的泡沫。

老奶奶的大工程

如同中央比利牛斯山的"扁豆烧肉沙锅"（Cassoulet）、普罗旺斯的"地中海鱼汤"（Bouillabaisse），阿尔萨斯的"腌酸菜配土豆猪肉"（Choucroute）象征着阿尔萨斯人的"贪好美食"。

做这道主菜可是一件大工程，那些阿尔萨斯的老奶奶们，一大早便拿着镰刀到

阿尔萨斯的独特地方料理"腌酸菜配土豆猪肉"

田园里连抓带砍地切下一大朵"腌酸菜配土豆猪肉"的主角——白甘蓝菜。她们先用大刀将白甘蓝菜切成细长的条状，在巨锅中清洗后沥干，平放后抹上粗盐，放置约三个星期即可。这有些类似我们的"泡菜"，切丝煮后吃起来则颇像我们的萝卜丝馅饼。

　　"腌酸菜配土豆猪肉"的组成内容因各家喜好而有所不同。大致说来，传统啤酒店的版本里通常有如腌猪胸肉、史特拉斯堡香肠、粗肥大红肠、咸猪排，有时再加上猪脚与马铃薯等食材；吃时搭配啤酒（当然，地道的阿尔萨斯啤酒更美味）。若恰好身边没有啤酒，Riesling 的酒或 Sylvaner 的酒也是很契合的；有时还会加上一点酸酸辣辣的樱桃酒（Kirsch）当开胃酒。通常传统的圣诞大餐中也会有这道菜，但是材料更加丰富，如 Montbéliard 的香肠、猪肩肉、烟熏培根和 Kassler 的猪里脊肉，以及两百种以上连专家都叫不出名字的猪肉制品。我曾在某年的圣诞夜，在朋友的祖母家中吃过这道名闻遐迩的阿尔萨斯菜。说实在的，一盘还好，第二盘就有点不胜负荷，总觉得肚子里充满油。但是，隔了一阵子，又会想念阿尔萨斯"腌酸菜配土豆猪肉"那咸咸浓郁的特殊香味。

说到阿尔萨斯的香肠，不由得让我想到香肠中的至尊——阿尔萨斯的史特拉斯堡香肠或 Knack 香肠。它的价钱虽昂贵，但是却非常精致。"洛林香肠"（Lorraine saucisse）也是个中极品，生的或熟的皆有。另外，小孩子们最喜欢的"鹅肝香肠"（Saucisse de foie）或"牛肉香肠"（Saucisse de veau），通常在切片后和面包一起食用或是单吃。还有一种非常特别的"啤酒香肠"（Saucisse de bière），吃的时候要搭配阿尔萨斯的啤酒。此外，还有诸如黄连木（Pistache）的果实碎粒和猪舌头肉混合的"黄连木的果实香肠"（Saucisse de pistache）、用猪血及肥肉混成的"黑香肠"（Saucisse noir）等等。

阿尔萨斯有一个非常奇怪的传统美食：猪头或野猪头肉冻（La hure）。在巴黎，"野猪头肉冻"的表现比较含蓄。先将原始的猪头刮皮去肉，放在容器里烤过，再冷冻，便摇身变成一坛坛秀色可餐的肉冻。但是，在阿尔萨斯，对野猪头的处理有所不同。人们给它取了怪诞的名字："红猪头"、"白猪头"、"法兰克福猪头"。"红猪头"是将猪头奶酪灌入大尺径、牛羊大肠制的红色薄膜气球。"白猪头"的馅则是以猪皮、肘子肉、猪头肉做成；而比较小的"白猪头"就叫法兰克福猪头。我比较喜欢的吃法是将香肠蒸熟后，配腌小黄瓜一起吃；喜欢的话，也可以蘸一点芥末食用。

美酒与奶酪的精致享受

在阿尔萨斯若没有喝过阿尔萨斯白酒、逛过当地的啤酒店、饮过著名的开胃樱桃酒或以蓝色长颈瓶装的李子烧酒（Quetsche），就绝对不算来过阿尔萨斯。一向对奇异特产感兴趣的我，还特地去了一趟亚梅史菲尔（Ammerschwir），品尝以枸骨叶和冬青为材料、加糖、一次蒸馏制成的奇特白兰地。据当地人表示，这种可以强身活骨的酒，应该会受到喜欢中国古老强精活血秘方的人士欢迎。

谈到我心爱的阿尔萨斯白酒，就不能不说说几个堪称"精英级"的葡萄品种，诸如 Riesling、Gewürztraminer、Tokay（又名 Pinot Gris）和 Muscat 四大公子，以及闪闪发亮的葡萄明星 Sylvaner。用 Sylvaner 当主角酿制出来的酒，清淡爽口，生津解渴，果香浓郁，略带高贵的苦味及辛辣口感。我亲身试验后的感觉是，Sylvaner 最适合配中式咖喱或微辣的中式小炒（如宫保花枝等）。Riesling 可以说是阿尔萨斯的第一品牌，她的雍容华贵的气质足以比拟黛安娜王妃。除了动人的花香、果香外，产自页岩土质的 Riesling，也带有大地的矿石味道、爽口的酸度与深浓的果香，因此往往被视为最适合佐伴"腌酸菜配土豆猪肉"。此外，充满香料香味与热带水果、玫瑰花香的 Gewürztraminer，因其特殊的"香料"味而得名（Gewürz 即为香料之意）。以它来搭配阿尔萨斯味道最强的 Munster 奶酪是上上之选。

Munster 奶酪之名源自 Monastère（修道院）这个字。当地建于 12 世纪的修道院中的修士鼓励并传授村民制作奶酪的方法，励行田园生活。为了制作出最精纯的质量，阿尔萨斯牧人来到比森林还要高的一千米的山上，在那里搭起无树木的牧场。

阿尔萨斯牧人制作的 Munster 奶酪在洛林区也受到空前的欢迎，当地的公爵们都慕名前来购买这种奶酪。他们要求在 St-Jean 浸礼会信徒的节庆上，将 Munster 奶酪送到杰哈梅尔（Gérardmer）——这里至今仍为 Munster 的销售中心。而在洛林区、阿尔萨斯的孚日高地(Vosges)，Munster 则被更名为 Géromé——源自 Gérardmer 一字。

镶着金环的培根鸡蛋派与诱人的 Madeleine 蛋糕

洛林与阿尔萨斯两区，好比双胞胎，有着非常雷同的背景：同样受到法、德两种文明的洗礼，但它们的命运却完全迥异。同样的 Munster 奶酪，到了洛林变成 Géromé。但是，洛林人的天分却另有发展，其中"培根鸡蛋派"(Quiche Lorraine)及"玛德莲长圆形奶油小蛋糕"（Madeleine）更跨越了洛林边界，受到全法国人的喜爱。现在，台北某些餐厅及糕饼店也提供这两种洛林区美食。

"培根鸡蛋派"其实是一种咸味的派。它的配料中除了固定的鲜奶油、鸡蛋外，

还可随个人喜好做出各
种馅料的变化，比如海
鲜、鲑鱼、茄子、鸡肉、
培根、西红柿、香菇，
甚至起司等。这道菜早
在 16 世纪就已存在，
在当时的南锡（Nancy）
它被称作 Kiche，指将
混合的鸡蛋汁、鲜奶油、
少许盐、胡椒与豆蔻粉
的馅料倒入面包皮内烤

美味又营养滋补、内容千变万化的"培根鸡蛋派"。

成的咸味派。今日，面包皮已经被由奶油和成的千层酥皮或一般奶油面皮取代。

　　当我在巴黎过着留学生生活时，若是没有时间做饭，就会连夜制作一大个约八
人份的培根鸡蛋派填饱肚子，既美味又有营养，而且馅料的内容还可以随意变化。
如果没时间吃饭，用保温的铝箔纸包起一块带在身上也非常方便。巴黎的糕饼面包
店（Pâtisserie-Boulangerie）经常会有各种口味的鸡蛋派陈列出售，"培根鸡蛋派"
因此成为"可丽饼"（Crêpe）之外的法国另一个流行快餐。

　　品质最好的"培根鸡蛋派"表面宛如一个镶着金环的金黄太阳，浮动着金色及
浅黄褐色的云朵。

　　一般而言，"培根鸡蛋派"都被当做前菜食用。此外，还有一种由"培根鸡蛋
派"变形而来的"圆馅饼"（Tourte）。它的馅料偏向以猪肉、牛肉、野禽类、鱼、
蔬菜或用水果干做馅里，再用一层面皮包住。过去，法国人也叫这种圆馅饼为"乡
村奶油圆面包"（Pain rond beurré de la campagne）。这个土气的名字加上不起眼的
外表，使它尽管在一般民间很受欢迎，却难登堂入室。一般在布尔乔亚新贵家庭的
餐桌上，他们宁愿天天吃意大利面条、"鱼肉香菇馅酥饼"（Vol-au-vent），也绝
对不允许出现"培根鸡蛋派"。他们似乎忘记自己当初还在奋斗时，曾经以"圆馅饼"
作为款待客人的晚宴主角，而如今这道菜却被毫不留情地踢到桌子下面去了。历经
世代之后，"圆馅饼"总算扳回颜面，曾多年被《米其林》列为三星的巴黎著名餐

法国下午茶最受欢迎的甜点—— Madeleine。

厅 Taillevent 中，就有一道名为"Tourte Parmeriennes"的"圆馅饼"。

　　如果你还有喝下午茶的习惯，就别忘记那诱人的"玛德莲长圆形奶油小蛋糕"。见过椭圆形木盒装 Madeleine de Commercy 的人，大概都不会忘记它精致可爱的包装。这个松软香甜的蛋糕是由非常美丽动人且聪慧的女士玛德莲（Madeleine）所发明，并将之引进宫廷，献给当时的国王史塔尼斯拉（Stanislas），以应付糕饼主厨在一次晚宴中突然离职的状况。结果这场气氛紧张的晚宴，在玛德莲女士的巧手下，转变为甜蜜的餐会。国王为了感激她，特地将这个长圆形奶油小蛋糕取名为 Madeleine。至今人们在品尝它时，仍能感觉充满了当时愉悦的气氛。

Les Cuisines Régionaux
美食美酒的天堂——
勃艮第（Bourgogne）

　　若是你想在最短的时间内，尝到最地道的法国乡村美食、美酒，有一个地方绝对不能错过——勃艮第。这个被诗人喻为美食美酒天堂之地，也是当年我在法国做美食之旅的首站。

　　葡萄园几乎构成了当地的唯一主要景观。自北部的夏布利（Chablis）往下延

伸到第戎（Dijon），再从夜丘
（Côtes de Nuits）到朋丘（Côtes
de Beaume），顺着夏隆丘（Côtes
Chalonnaise）而下，到达南
端的马孔（Mâcon）与薄酒来
区，形成葡萄园最精华的地
带。几个勃艮第的著名庄园，
大多在北岸，诸如 Puligny-
Montrachet、Chassagne-
Montrachet、闻名

的 Pommard、女性化的 Chambolle-Musigny、Vosne-
Romanée，以及深受国人喜爱的夏布利，都是世界知名
的葡萄酒酿造地。往南走，马孔市西边的 Pouilly-Fuissé
产区，以夏多内白酒为主；而以新鲜为主要诉求的薄酒来，
在每年十一月装瓶后，当地都会举行盛大的"薄酒来祭
典"。如果有机会经过此地，千万不要忘了驻足观赏法
国人的酒祭。

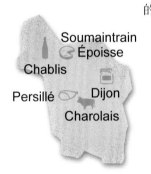

调味料的奇想

说到勃艮第的传统美食，不由得让我想到贝列斯（Bresse）那些在户外奔
跑的、肉质异常鲜美的阉火鸡群。全法国最好的火鸡，当属贝列斯一地出产的。
除了大自然的培育外，在它们最后三个星期的生命里，还要以约 1.5 公升的牛
奶饲养。

被喻为"料理界超现实主义厨师"的亚伦·巴萨德，即是以"冷水熏鸡"（Poulet
de Janzé au foin）闻名法国厨艺界。这道菜搭配勃艮第的上等白酒，如 Batard
Montrachet、Puligny Les Perrières、Meursault 等都非常完美；如果有新鲜的 1996 年
Château de Meursault，则更是绝配！

此外，夏隆内（Charolais）的白色牛只，因肉质鲜美，被视为与利慕赞（Limousine）

并列全法国最好的牛肉；而第戎的芥末更是名满天下。

第戎的芥末味道特殊。因其除了使用当地的白酒、酒醋、水、盐为原料外，还加入由"黑芥"（Séneve）颗粒磨成的粉末混合调制。法国人的奇思异想，发挥在这小小的调味料上，种类繁多，高达千种以上，如加绿胡椒搭配各色肉类；加红葱头的配烤肉最适宜；加绿柠檬调味的则与鱼、虾等海鲜类一起调理。而无论哪一种加香料的芥末，都能增添菜肴美味。一句话可以道尽法国料理："只需瞧瞧第戎的芥末，就大约瞧出为什么在法国当厨师如此辛苦的端倪了。"

当地的"香料蜜糖面包"（Pain d'épice）更是非常特别。顾名思义，这款面包是以香料与欧石楠、洋槐、薰衣草或迷迭香的蜂蜜，加肉桂条与丁子香（某些比较考究的店还要加上橘子酱）和面粉混合做成，微甜但不腻，一般当成餐后甜点或下午茶点心。

除了芥末，第戎还生产"黑茶梅子的浓厚甜酒"（Crème de Cassis de Dijon）。这是一种介于黑茶梅子白兰地和白酒之间的混合酒。通常混合比例为三分之一的黑茶梅子白兰地与三分之二的勃艮第白酒，也被称作 Kir。而贝斯雷（Persillé）的火腿、闻名遐迩的起司 Époisse，也都是爱好法国乡村美食者并不陌生的名字。但是，真正将勃艮第美食带往世界舞台的，除了那些"美酒"群星外，还有两位不可忽略、后来居上的新星："勃艮第蜗牛"（Escargots de Bourgogne）及"勃艮第炖牛肉"（Boeuf Bourguignon）。

蜗牛的传奇

先从这只慢吞吞的蜗牛谈起。勃艮第蜗牛又被称作"葡萄园的蜗牛"。虽同为蜗牛家族的一员，但是勃艮第蜗牛的身材似乎比一般蜗牛兄弟更为结实，寄居的壳略呈黄褐色，并带着褐色的条纹。据闻，这个在视觉上毫不起眼的小型软体动物，却是第一种被人类食用的动物。

在罗马时代，甚至有专门的"食用蜗牛养殖场"。当时人们多半将去壳的蜗牛加酒与糠一起调理，当成开胃的餐前菜或者饭后小菜烹调；而高卢人则把它当成点心。到了中世纪时，蜗牛甚至取代了牛肉，成为正餐。当时人们习惯将蜗牛加洋葱油炸，或者以串烤、清水煮的方式烹调。为了满足大量食客的需要，厨师

与法国人个性相符的蜗牛，是法国老饕的最爱。

还必须派遣一些专业人士寻找蜗牛。

但是，到了 17 世纪，吃蜗牛的风气渐渐冷却，直到三星级餐厅 Talleyrand 要求当时的法国首席厨界天才卡汉姆在款待俄国沙皇的晚宴上，以"蜗牛"为主菜特别创作一道别致的菜肴，这才又挽回蜗牛被美食界抛弃的命运。

勃艮第蜗牛的传奇乃是源自在法国"七月王朝"（1830 ~ 1848）时，几位贝西（Bercy）的中间商到勃艮第选购美酒。他们回去后，逢人便说他们在勃艮第享用了一顿蜗牛美食大餐，引起其他人的强烈好奇心。结果，不久之后，1830 年的某一天，来往于奥克尔与巴黎的一辆货车装了很多筐蜗牛奔驰而去。不久，货车便被火车取代，然而小小的勃艮第却无法生产足够数量的蜗牛来满足食客的需要，只好一方面限制用量，一方面从中欧、土耳其或北非进口类似的品种鱼目混珠。

真正的勃艮第蜗牛，秘密在于简单的烹调方式：仅以奶油、大蒜泥、香芹三种材料烤成，最多为减轻大蒜臭味，再加入一些适量的红葱头。位于巴黎蓬皮杜附近 Montrogeuil 街上的蜗牛专卖店—— Escargot Montrogeuil 餐厅，菜单上的招牌菜即为四种不同口味的蜗牛料理。

在餐厅里，蜗牛料理通常会连着壳，以盛蜗牛的特别铁制凹型托盘盛放。刚出烤箱的铁盘，如同我们的铁板烧的铁板，还会发出吱吱的油爆声。

吃的时候，以类似女性夹睫毛的睫毛夹钳住蜗牛壳，再以两叉的小叉子挑出蜗牛肉食用。这热热的 Sauce 裹着肥硕的蜗牛肉，让人一口接一口欲罢不能。但是，可要小心，别吃得太急，让热奶油烫伤了嘴！

令人醉死酒乡的料理

到一些不错的正式法式美食餐厅，我总习惯先看看菜单上每一道菜列出的材料内容。通常颇具规模的餐馆，若使用牛肉当材料，都不离不开夏隆内的牛肉，它几乎等同于 Best quality 的代名词。

但是，至今仍能让我在美食经验中回味再三的，却不是夏隆内的牛肉，也不是贝列斯的阉火鸡，而是类似中国"牛杂汤"的大堆头材料熬出的美味肉锅。

正宗的"勃艮第炖牛肉"所用的是瘦肉里塞肥猪肉的方式，将其浸于红酒中多时，再加奶油与胡萝卜、肥猪肉丁、牛脚，以文火炖数小时。我曾经尝试做过，别看这一道菜，成本虽不高，但是耗费时间、精力。最后的肉汁，味道非常浓郁，好似喝红酒一般，以面包沾煮熟的肉汁食用，在寒冷的冬天是很进补的一道菜。

勃艮第人们大概做什么都跟葡萄酒脱不了关系，连料理也不例外。除了"白葡萄酒烩肉"（Gibelotte）、"勃艮第炖牛肉"外，另一道知名的"酒焖子鸡"（Coq au vin）也是以酒当 Sauce 为灵感。

至于尼菲内（Nivernais）的"苹果奶油派"（Flamusse），则是以苹果作为馅料，也是勃艮第一带最受欢迎的水果蛋糕。

在勃艮第没有吃过 Époisse 起司的人，用手指头大概都数得出来，但是，没有尝过 Soumaintrain 的，却连半个也没有。原因是，爱酒成痴的勃艮第居民，在每年的新酒试酒场

最受欢迎的水果蛋糕"苹果奶油派"。

合里，每每都以 Soumaintrain 起司新鲜的乡村面包，搭配上好的红酒享用。

春末至初秋时分，在市面上可买到所谓的"Soumaintrain blanc"：未精制的初级品，味道不似 Époisse 般非常厚重且浓烈，而是近乎新鲜牛奶般的滋味。我通常会带着它去野餐，而法国的小孩子们也很爱吃。至于"精炼"（Raffiné）的 Soumaintrain 则充满了直率、穿透性很强的味道，吃来滋味浓郁饱满，配合 Nuits-Saint-George 或 Beaune 的美酒最为适合。

重达一千克的"绳子面包"（Cordon）也是当地的代表，这种面包在其表面有一条以面条编成的绳状装饰蕾丝。

总之，勃艮第的料理是融合了酒与材料，再运用想象发明出的浓浓酒乡风情的料理，几乎没有一道菜或调味料的 Sauce 中不会闻到一点酒味。不知李白若到了勃艮第，是会选择在酒乡沉浸，还是醉在勃艮第菜的酒香之下？

Les Cuisines Régionaux
母亲的料理——
里昂 (Lyon)

　　挑剔爱吃的法国人，曾自豪地说过："唯有在里昂，我们才能享受到比家里还好吃的法国菜。"

　　围绕里昂一带，有不少被《米其林》评选为两星、三星的美食餐厅，如自1965 年被《米其林》评定为三星后，一直保持到今的餐厅"保罗·包库斯"（Paul Bocuse）；1968 年得到三星的餐厅 Troisgros，其"蒜味乳鸽"、"松露烩时蔬"

Beaujolais — Dombes
Mont-d'Or

都是遵循传统的老式菜，而其中最有名的"酸模鲑鱼"（Escalope de saumon à l'oseille），直到现在都是该餐厅的招牌菜。Troisgros 最擅长烹饪鱼类、海鲜等料理。经他们处理过的海鲜材料，被赋予一种奇特的华丽感，整个餐盘在视觉上给我宛如观赏大海奇景般的奇妙动感。

但是，真正使里昂料理闻名天下的，还是地道的"里昂小酒吧"（Bistrot Lyonnais/Bouchon）。

融合感情与乡愁的"母亲料理"

在谈"里昂小酒吧"之前，不能不先提里昂的"美食小史"。早在公元前 43 年的高卢时代，建于富菲耶（Fourvière）山丘上的陆克那城（Lugdunum）是当时最繁华的城市之一。那时陆克那城被喻为"吃之城"，而这个别称得来一点也不枉然。那段时期，里昂的地方特产诸如洋葱、猪肉制品、蔬菜等，质量都居全高卢之冠。此外，里昂得天独厚的地理环境，使它能得到来自夏隆内的牛肉、贝列斯的家禽和野禽，以及当伯（Dombes）的鱼等。

这些材料都被大量地引进里昂，以满足全法国最挑剔的食客与最富天分的厨师。文艺复兴时期，以讽刺的文风而知名的大作家方素华·拉伯雷（François Rabelais，1494 ～ 1553），曾以大篇幅的文字谈及里昂一地堆积如山的食物与食客们狼吞虎咽的盛况。

自 19 世纪末开始，里昂的厨师有一个别称——"母亲"。他们的料理被全法国人称为"母亲的料理"。这个现象在世界料理史上可谓头一遭。里昂的料理贵在"对传统烹调精华的保存"，它那"神秘"的特质及独特的"感情价值"，使其好比母亲为我们精心准备的家常可口小菜。

第一位被公开称为"母亲的料理"的厨师是方素华·富久乐（Françoise Foujolle）。当时人们称呼她为"Filloux 妈妈"。她所擅长的菜肴包括"乳白浓香松露汤"（Potage velouté aux truffes）、"鳌虾奶油焗白斑狗鱼肉丸子"（Quenelles de brochet en gratin au beurre d'écrevisses）、"鹅肝酱淋朝鲜蓟"（Fonds d'artichaut au foie gras），以及最受当地布尔乔亚家庭欢迎的冬季菜"黑蘑菇嵌馅鸡"（Poularde

里昂 Bouchon 最受欢迎的"母亲料理"——奶油白斑狗鱼。

demi-deuil，俗称"穿丧服的小母鸡"）。

顾名思义，这只穿着黑色丧服的新寡妇小母鸡，其丧服是以名贵的松露薄片嵌镶于母鸡的皮与肉之间而成，再加以清水煮熟，与蔬菜和粗盐一起食用。当时传闻，出门在外的游子们吃过"Filloux 妈妈"的菜后，都会不由自主地流下眼泪。

"Filloux 妈妈"于 1925 年去世，但是人们对她的思念却与日俱增。而这也引来不少嫉妒的竞争对手，诸如"布利顾斯妈妈"（Brigousse）、"布兰琪妈妈"（Blanche）等。

这个"妈妈"风潮在 19 世纪中期达到顶点，并且持续至第二次世界大战末期。当时里昂所有的所谓"布尔乔亚的蓝带餐厅"都悬挂着她们的名字。最后一位里昂厨师"妈妈"丽阿（Léa），生于 20 世纪初，直到 1981 年才结束她的职业生涯。

侦测里昂料理与感情的雷达

在里昂，无人不知 Bouchon，即小酒店之意。Bouchon 原本是小酒店前用来做招牌的麦秆，后来成为小酒吧的象征，代替通用的 Bistrot 一字。

Bouchon 如同侦测里昂料理与感情的雷达。在这个不到十平方米的狭小空间里，晕黄的灯光，玻璃窗上被食物热气模糊的白色字迹，写着"今日菜单"；镜子里依稀可辨的侍者身影；他们或是左右手各捧着热腾腾的里昂招牌菜"烤牛肝"（Foie de veau rôti）及非常有名的"面包屑或干酪丝焗通心面"（Macaroni au gratin），或是捧着一壶薄酒来及盛着里昂 Bouchon 王牌菜"红葱头干奶酪"（Cervelle de canut）的大托盘，从容而优雅地穿梭在拥挤的餐桌与厨房之间；吧台后方送菜口墙壁的广告牌上，堆放着一张张油腻腻的点菜单；厨师不慌不忙地处理一道道繁复的做菜程序；人与人之间被迫没有身体距离，手肘接触，偶尔抬头时，来自斜对桌客人的好奇眼神……任何人都可以插入邻桌客人的谈话，发表自己的意见；偶尔，连老板娘都会插上一句；伴随着壶装的薄酒来红酒、丰盛的"里昂沙拉"（Salade Lyonnaise）与"里昂香肠切盘"……轻易地，我就融入了这个愉悦的情境，一顿饭吃完，感觉好像回到家里一样。小小的餐厅中，欢腾愉悦的喧哗声、清脆的酒杯碰撞声、刀叉摩擦着餐盘、桌椅推拉碰撞的声音，如同演奏着一场非常热闹的"食物嘉年华"。想要一张真正传达出里昂气氛的风景明信片吗？来"里昂小酒吧"里寻找里昂人的灵魂吧！

不容错过的猪仔三剑客

通常我会在上午点"快餐"（Casse-croûte），里昂则为这段早餐时间取了个名字——Mâchon。在 Mâchon 的用餐时间里，"猪仔"是桌上的主角。除了猪肉香肠食品中最受欢迎的"三剑客"——"玫瑰香肠"（Saucisse rosette）、Sabodet 及"里昂香肠"（Saucisson de Lyon）之外，Andouille 小香肠、鸡蛋炒牛肚及猪肘、猪耳朵、猪嘴巴，甚至猪脑、猪心，都在里昂人胃里唱合唱曲；担任伴奏的蔬菜则是长相不起眼的小扁豆、白菜豆或醋熘韭葱。

在里昂，几乎在所有菜里都会寻获被喻为"里昂有柄平底锅中的国王"的"洋葱"的踪影，如"奶油香芹炒红醋洋葱"。而著名的"洋葱汤"到了巴黎就变成"干酪丝焗洋葱汤"（Gratinée à l'oignon）。拿洋葱来当牛肝、猪肝的配菜也很不错。

在里昂若没有"猪肉香肠制品"，就如同在杜尔没了"扁豆烧肉沙锅"（Cassoulet），在阿尔萨斯少了"腌酸菜配土豆猪肉"（Choucroute）一般。自罗马时代以来，里昂人就有一个特别的节日——"圣猪节"（Saint-Cochon）。每逢"圣猪节"时，各家猪肉制品小店的老板都会在店内悬挂起各式各样的香肠，并提着他们店里的特制品，在市集上向买主吹嘘自己职业的神圣与产品的优良。

有几种特别的香肠是我在里昂绝对不会错过的。首先是"里昂香肠"，以猪腿肉与肩绞肉混合的小块肥肉制成，如今只剩下约五、六家猪肉店还在制作这种香肠。另外则是"玫瑰香肠"，这是 Mâchon 的明星，通常与薄酒来搭配食用，此种香肠现在已经涨价到一千克约七百五十元（台币），而它也是香肠中的贵族品牌。此外，肥胖如杨贵妃的 Jésus，是香肠美女群中身材最圆

家喻户晓的"干酪丝焗洋葱汤"。

里昂猪肉香肠三剑客之一的"玫瑰香肠"。

滚的,味道较玫瑰香肠干。"猪肉冻"(Tête roulée)是用猪头肉加猪舌做成的肉冻,每个重达四十至一百二十五千克。以松露与黄连木调味的 Cervelas,则是一种粗短的小香肠,也是罕见的精品。

著名酒区"薄酒来"

在里昂,有三个重要的酒区交集:隆河谷区(Le Rhône)、沙翁区(La Saône)及最著名的薄酒来区,这三个区域都生产小品的日常餐用酒。每年十一月的第三个星期四,是薄酒来新酒的发表会。这个几乎完全(99%)以加美品种葡萄酿造的红酒,酒体非常清淡爽口,搭配里昂的香肠、肉冻、火腿等都很适合。薄酒来共分三个等级,其中最好的是"优等级"(Les Crus)。最优秀的酒庄,诸如 Moulin-à-Vent,其酒体非常饱满强劲,但酒质却很优雅,适饮期限约为五至十年。Morgon 被喻为最富单宁(Tanin)的酒,口感异常浓烈;Juliénas 与"圣爱"(Saint-Amour)的酒体结构不错,颜色也很深。除了优等级外,薄酒来还有"薄酒来村庄级"(Beaujolais Villages)及最普遍的"一般薄酒来"(Beaujolais)两种等级。

在奶酪的世界里,"金山"(Mont-d'Or)绝对是响当当的名字。"金山"之名大约在 18 世纪时首次出现在文献中。这个包装精巧、表皮金黄色的奶酪呈到路易十五的餐桌上时,曾使得路易十五一时之间被它的香味与色泽迷惑,竟然半晌说不出一句话来。这个名不见经传的奶酪市井小民,顿时声名大噪,成为每家每户的常客。

此外，它浓郁温和的气味也可做焗马铃薯的材料使用。

"笛子面包"（Flûte）为当地最特殊的面包，又称"咖啡馆面包"。它的形状类似法国面包，但是更为细长。笛子面包通常被切成薄片，或者对半切开，再烤成面包干，搭配汤或沙拉食用，而这些又被通称为"炖锅面包"。

Guignol 木偶的甜点派对

里昂人喜欢硬硬的食物，连甜点也不例外，"油煎饼"（Bugne）就是最好的例子。不过在谈这些特殊的甜点之前，要先介绍下一位在里昂家喻户晓的特别人物——木偶戏中的主角 Guignol 和他剧团的伙伴们。

Guignol 和他的伙伴们总会伴随着市集的特殊场合出现，吸引无数孩童围观。

现场还会有马术表演、魔术特技与各式各样的街头演出。如今，这个与里昂市民生活紧密结合的节日演出，却只有在 La Croix-Rousse 的"栗子节"（Vogue aux Marrons）上可以看到。通常首先出场的多半为著名的油煎饼；其次为 Matefaims，一种厚厚的鸡蛋饼；再来是 Radisses、长形的奶油圆面包、洋槐花的油煎饼、南瓜派、里昂的杏仁蛋糕；最后是根据传统食谱做成的"面包甜

搭配沙拉或汤食用，通称"炖锅面包"的笛子面包。

里昂人喜欢硬硬的食物，连甜点也不例外，"油煎饼"就是最好的例子。

塔"（Tarte à la mie depain）——以馅饼皮裹面包屑，再浸泡在牛奶中，加入杏仁切片、鸡蛋与橘子香精制成。"节日馅饼"（Pâtés de vogue）是以梨子浸泡在烧酒与糖中熬煮多时而成的"烧酒李子"，以蛋黄着色，形状宛如一顶绅士帽。

这些甜点结合木偶们的演出，传递出里昂人天真、爱好欢乐及美食的乐天个性。相信你也一定不会错失寻访这个充满欢乐的"吃之城"的机会！

Les Cuisines Régionaux
温暖人心的阳光料理——
普罗旺斯 (Provence) ／阿尔卑斯山 (Alpes)
／蔚蓝海岸 (Côte d'Azur)

　　今日的普罗旺斯，经过彼德·梅尔（Peter Mayle）活灵活现的描述，已经由乡村小姑娘摇身一变，成为家喻户晓的明星。当我第一次从巴黎来到普罗旺斯时，映入眼帘的尽是一片充满了各种大自然颜色的田园景致，连带阳光、空气里弥漫的味道都不同。奇妙的是，在马赛港（Marseille），所有房屋、船只、水手在光线的照射下，如纸糊一般，全都以大块的平面构图呈现，使我想起高更或塞尚的画。这些错落的屋子、教堂、钟塔，在间隔出来的每个独立几何空间中自给自足。普罗旺斯的料理即是这宁静空间中的烟火，带来了色彩、香味与创意。

展现欢乐与热力的蒜泥蛋黄酱

早在法国大革命时代，普罗旺斯的料理即以"色彩丰富"闻名巴黎。19 世纪末，一位名叫哈布（Raboul）的厨师将当时所有的食谱十分细致地整理成册，并以《普罗旺斯料理》为名出版。书中经常出现在普罗旺斯料理里的常客——西红柿、大蒜和橄榄油。地中海为普罗旺斯带来了非常丰富的渔产和海鲜，通常以时令新鲜的蔬菜与水果、橄榄油、各式各样的香菜及葡萄酒当调味佐料。此外，薰衣草香的蜂蜜(Miel de lavande)、特立卡斯丹（Tricastin）的松露、斯丝特隆（Sisteron）的羔羊肉、尼雍（Nyons）的橄榄油，都是仅存当地的特产。

其中，最特别的一种调味品——"蒜泥蛋黄酱"（Aïoli），在 1891 年时曾被著名的美食记者米斯特拉（Mistral）歌颂为"将普罗旺斯阳光的欢乐气氛、热力与阳刚之力，集中展现的 Aïoli……"这个著名的乳白色乳状 Sauce，是以捣碎的大蒜头加上蛋黄、橄榄油调成，常被用来佐伴我最爱喝的"地中海鱼汤"（Bouillabaisse）。

不要小觑这看似平凡无奇的橘红色鱼汤，其中的学问可大了！"地中海鱼汤"往往以数种新鲜的鱼肉打成，再随个人喜好加入干邑、啤酒或龙虾等海产混合成不同口味。通常，我会先将奶酪切条撒上一大汤匙于碗内，再将烤得干脆的小法国面包切片，一部分用手掰成细丁撒在汤中，另外再保留几块，在面包表面均匀地涂上厚厚一层蒜泥蛋黄酱，接着一口面包、一口汤这样吃喝起来。在巴黎的寒冬，有时连开暖气的钱都没有，熬上这么一大锅地中海鱼汤喝起来，顷刻间，心中不禁充满了普罗旺斯、蔚蓝海岸的温暖阳光，就连阴暗的小阁楼也突然明亮起来……

蒜泥蛋黄酱也可以搭配"水煮蛋"或"冷牛肉切盘"，但最别致的搭配可能是 Grand aïoli。这是一道节日菜，以清煮鳕鱼、蜗牛、水煮蛋，以及我所有可以想象到的蔬菜，如胡萝卜、芹菜、四季豆、花椰菜、朝鲜蓟等材料组成，可谓是非常"蔬菜贵族"的一道料理。

拯救生命的"大蒜汤"。

拯救生命的大蒜汤

全世界可能都有德古拉（Dracula）伯爵出没的踪迹，除了普罗旺斯。因为，只有普罗旺斯人会无所不用其极地将一颗颗大蒜或剥皮后整颗醋腌，或剁碎后加橄榄油拌入沙拉，或干脆丢到滚烫的热汤里，来个美人出浴，或压挤出汁后，放在烤盘上，串起牛羊猪鸡等肉类烤 BBQ，甚至连油煎锅里，都会飘来阵阵让吸血鬼闻风而逃的香气——大蒜香。

普罗旺斯最特别的大蒜料理，莫过于 Aïgo Boulido。这道最古老的大蒜美食，实际上是滋味独特的"大蒜汤"。当时在喝这道汤之前，甚至还得说一段祷告文："大蒜汤，拯救我们的生命。"这道汤到底有多神奇，竟然可以挽救法国人的生命？我在好奇心驱使下来到当地一家很平凡无奇的小店，却发现简单的菜单上，首先映入眼帘的"今日特餐"内容里，赫然写着以下几个字：地区招牌汤—— Aïgo Boulido。这道汤居然能打败我最心仪、世界闻名的地中海鱼汤，成为地区招牌汤？！光这一点就足能引起我的好奇了。

稍后，亲切的老板娘亲自为我端来 Aïgo Boulido，并指着汤里的内容，详细为我说明："这道汤是我们祖先流传下来最老的食谱之一。当年，除了贵族，没有多少法国人有机会尝到肉，连新鲜的面包都没有，只有隔夜的面包可以吃。填不饱肚子的孩子，夜晚时常会缠着母亲要东西吃。当时有一位母亲不忍心见到孩子挨饿，将家中仅存的大蒜粒压碎倒入水中煮沸，再加上少许鼠尾草、月桂叶、百里香，然后将煮沸的汤汁淋在涂抹橄榄油的面包上，成为一道类似'粥'的食物。孩子吃完后，非常满足地去睡觉，不再吵闹。这位母亲便将这个随性发明的食谱传给邻居朋

马赛水手的日常菜肴——地中海鱼汤。

友，一传十、十传百，便成了当时的'救命汤'。所以喝汤时，为了感激这位母亲，我们会在喝汤前说：'大蒜汤，拯救我们的生命。'现在，我们偶尔会在汤里加些西红柿或打个蛋。"听完她的解说，汤的热气好像带我回到那个四壁萧然的家庭，看见欣慰的母亲及笑意盎然的孩子们。

马赛的阳光金汤

马赛，一个热力四射的海港小镇，一艘艘在艳阳下闪闪发光的船只，体格魁梧且潇洒不羁的水手，赤裸着上身，忙着搬运一箱箱刚捕获的鱼虾海鲜。不远处，一家家海鲜餐馆已经迫不及待地将一篓篓海鲜变成一盘盘海鲜佳肴。然而，却没有任何一道比得上让全世界的人都会闻名前来一睹风采的国宝级海鲜料理——"地中海鱼汤"。马赛的"地中海鱼汤"原是一道非常简朴、供渔夫日常食用的菜。通常渔夫们在海滩上临时搭起的住所里,将一天渔获中最不容易卖掉的鱼类,如鲉鱼(Capone,在货真价实的海鲜汤里,这是不可或缺的材料))、狗鱼、海鳝、火鱼、龙腾、海鳗等,加上虾蛄、贻贝、小螃蟹,以少许橄榄油微煎过,再加入一点胡椒粉及著名的番红花(Safran)增味与调色,最后加入一片干橘皮增添香气,即大功告成。这道被马赛人喻为"阳光金汤"的"地中海鱼汤",在马赛通常与油菜汤(Navette à soupe)、烤面包切片、红棕色的辣味乳状调味酱 Rouille 或 Aïoli 一起搭配食用。另外一种白色的鱼汤 Bourride,则是用 Aïoli 为材料煮成。

普罗旺斯当然不仅只有鱼汤,那五颜六色的蔬菜水果、绿油油的橄榄树,搭配了蔚蓝海岸的阳光,给予热情、爱好幻想的尼斯人最好的创作灵感,如著名的"尼斯焖菜"(Ratatouille),即是以橄榄油烧笋瓜、西红柿、茄子、朝鲜蓟和洋葱等蔬菜做成的"蔬菜百汇",意为结合的完美创作。

结合自然恩赐的烹饪创意

维系尼斯料理声名的主因是尼斯料理擅用各种大自然赐予的香料及辛香蔬菜。第一次在尼斯的传统市场闲逛时,我的目光立刻停留在一排排整整齐齐堆放的辛香蔬菜上。在尼斯的料理中,所有香料都各司其职,巧妙地点出每道菜的独特性,又不失原味。此外,三个最主要的保镖:橄榄油、大蒜、甜菜(Bette,一种深紫色的球状蔬菜)一直捍卫着蔚蓝海岸的料理至今。

尼斯料理中最远近驰名的代表菜当属"尼斯沙拉"(Salade Niçoise),其光鲜艳亮丽的外表就让你忍不住回头驻足再三了。"尼斯沙拉"的材料包括西红柿、黄瓜、新鲜蚕豆、小朝鲜蓟、新鲜洋葱、水煮蛋、去骨凤尾鱼肉或鲔鱼肉,再点缀一些黑橄榄粒,搭配纯橄榄油、大蒜与罗勒(Basilic)(偶尔,也会加些鸡蛋或青椒来点缀),这就是可口的尼斯生菜沙拉了!在尼斯,这道菜通常被当成主菜前的开胃菜或冷盘食用。

普罗旺斯的美食还不只如此。当上帝建造世界时,大概对普罗旺斯的子民特别偏爱,不但给予他们最好的材料,还赋予其无上的烹饪创意。普罗旺斯各地都有各具当地风格的糖果或蛋糕,种类之多,简直让我眼花缭乱。其中最负盛名、也最具

（左上）充满大海与田园风情的"尼斯沙拉"。
（左下）打遍天下的黑白无敌双星——黑白蜂蜜杏仁牛轧糖。
（右）喜欢吃甜食的玛丽·麦迪奇的最爱——糖腌水果。

特色的，当属自 17 世纪以来，即被爱吃甜食的知名女士玛丽·麦迪奇（Marie de Médicis，1573 ~ 1642）视为宴会上必备甜点的阿普（Apt）的"糖腌水果"（Fruits confits）。在当时，保存食品的条件并不好，只好将食物"腌"起来，以防冬季时没有水果时食用。另外，蒙特利马尔（Montélimar）的"黑白蜂蜜杏仁牛轧糖"（Nougats noirs & nougatsblancs），以及亚克斯（Aix）以研碎杏仁粉及糖煮哈密瓜蜜饯为馅，加上无酵面饼皮及冰糖做成非常美味可口的"杏仁甜糕"（Calissons），也是闻名世界的名产。这三位甜点皇后，在普罗旺斯的圣诞节中，往往占有十三金钗的首席宝座。

横跨咸甜两界的"橄
榄面包"。

让教皇失去心性的魔鬼佳酿

在奶酪世界的众位美女中，唯一需要
宽衣解带才能瞧见真面目的，大概只有普
罗旺斯的 Banon 了。

传说，罗马皇帝安东尼·皮欧（Antonin
le Pieux）因吃这位 Banon 美女时太心急，
不慎噎死了！信不信由你……不过，这个让罗
马皇帝噎死的奶酪美人，来头可不小。在她亮相前，要先经过葡萄渣的烧酒浸泡数
日，再以四到五层的栗子叶或葡萄叶包裹后，以酒椰叶的纤维扎起，然后放上十五

全二十一大才能拆封。她的杳味，不知可否比拟我们的裹小脚布？

在著名法国导演兼作家马塞·班纽儿（Marcel Pagnol）的电影《面包店的女人》（La Femme du Boulanger）中，那个最出色的面包明星——"甜橄榄面包"（Fougasse sucré），即来自普罗旺斯。一般而言，橄榄面包形状扁平，中心镂空，似一朵雪花或棕榈叶造型。橄榄面包有甜有咸，变化丰富。咸的橄榄面包多半加入橄榄油、八角茴香、迷迭香等增加香气；馅料则以西红柿、洋葱、肥猪肉丁、起司、熟肉酱或凤尾鱼等为主，有点类似意大利的 Pizza。甜的橄榄面包则呈橄榄状，中间放置水果干。

最后，不能不提一提普罗旺斯最著名的葡萄酒"新教皇堡"（Châteauneufdu Pape）。这瓶让教皇都失去心性的魔鬼佳酿，也让彼德·梅尔这名伦敦绅士欢乐地在酒窖中打滚，忘记自己身在何方。相较于波尔多酒的昂贵而言，"新教皇堡"是如今唯一物超所值的好酒。

普罗旺斯有一种非常神奇的"普罗旺斯四指面包"（Main Provençiale），其形状类似恐龙的脚趾，又像鸭蹼。传说，很早以前发明这个面包的师傅是普罗旺斯一位生来即是仅有四个指头的侏儒。他以自己手的形状为模型，发明了这种面包，因此后人称其为"普罗旺斯四指面包"，并将其用来搭配尼斯沙拉与白斑狗鱼肉丸子。

说不下去了，再说，我都快流口水了。请诸位别再犹豫不决，抛下一切，走访一趟普罗旺斯吧！不过，别忘记帮我要个彼德·梅尔的签名！

普罗旺斯圣诞节的甜点皇后——杏仁甜糕。

Les Cuisines Régionaux
栗子羊奶汤里的风景——
科西嘉 (Corse)

　　在地中海所有的小岛中，唯一被喻为"大海之山"的小岛科西嘉，风景之美，据说连海上妖女的蛊惑歌声都不及。一片白垩山的景致中，住在一个个石窟房子里的科西嘉人，乍看之下，略似于中国那些居住于窑洞的人们。

香肠界中的劳莱——Figatelli。

常被指称与意大利西西里岛的黑手党精神很类似的科西嘉人,非常重视家庭传统,而且科西嘉的料理也与其"家庭料理"紧密联结,带有浓厚的科西嘉地方色彩。在这块狭长的土地上,高山遍布;沿着海岸,放眼之处,都是龙舌兰与野生的无花果树;岛上较高的地方则满布栗树、松树与桉树;葡萄园、橄榄树、橘子树与杏仁树、无花果树比邻而居。但是,却没有任何征兆显示科西嘉岛的景致与同处地中海的意大利或沿海的普罗旺斯相同,连料理的发展路线也大异其趣。

科西嘉人的面包——栗子

栗子树如同科西嘉的面包树。在科西嘉人的传统食谱里,共有二十八道菜是以栗子做主要的材料。在传统的习惯里,科西嘉人把栗子粉拿来做面包,但是今天这种栗子粉做的面包已经不存在了,倒是最家常的 Polenta(类似中国人的"米糕",为一种熟食栗子粉,将面粉加水持续拌匀搅动成黏稠状,再做成圆球形蒸煮熟)取代了面包。科西嘉人将 Polenta 切成类似土司的厚片后,搭配 Brocciu 羊奶酪、鸡蛋、烤小山羊肉或烤香肠一起食用。有些人还以栗子粉做成油炸面包 Fritelle,或薄薄的脆饼如 Nicci。

栗子不但可以做科西嘉人的日常面包,也是小猪们的最佳粮食来源。通常科西嘉人于秋天杀猪,再用盐腌一个冬季做成烟熏火腿。除了美味的火腿,另一个滋味独特、瘦长形、香味很浓烈的半湿烟熏香肠 Figatelli,是以肝、肥肉、瘦肉加大蒜、月桂叶及白酒制成,偶尔也会加上少许猪心、猪腰,通常生食或烤食。

滨海的科西嘉是鱼、蟹、虾与乌贼的故乡。第一次到卢森堡公园附近一家颇负盛名的科西嘉海鲜餐厅挖宝时,看到菜单上竟然列着"科西嘉地中海鱼汤"这道普罗旺斯的名菜,心中很是狐疑。于是在好奇

Cap Corse

Aléria

心的驱使下便点来试试，结果，足足让我饥肠辘辘地等候了一个多小时才姗姗上来。

我切下一大块厚面包片，放在面前粗糙的红陶土盘内，围着那一大锅冒着热气的地中海鱼汤，抓着餐盘的手突然绷紧，鼻孔好像也在跟着一起舒张……映在锅中的……是风景？是阳光？还是一望无际的海平线？我从来没有吃过比这个更好喝的红龙虾熬成的海鲜汤。科西嘉，一个绝对值得作为我的美食之旅的地方。

经过兼任厨师的老板殷勤解说，我才知道，科西嘉还盛产鲉鱼，以及海鳝、凤尾鱼、沙丁鱼、螃蟹、火鱼、鳗鱼等。在毕古葛里阿（Biguglia）的池塘里，还可以钓到鳟鱼或鳗鱼。一般说来，科西嘉人喜欢以炒或烤的方式调理鱼类，再加上少许柠檬调味汁食用。

最具特色的科西嘉八宝饭——鲜浓番茄洋葱炖肉。

（左）科西嘉的月亮——Brilloli，
栗子羊奶汤。
（右）Brocciu 奶酪。

共享家庭温馨的汤

在科西嘉，晚餐的主角是"汤"。在屋内的大厅中央挖出一个凹洞，再从凹洞上方的天花板垂吊下来一个铁锅。傍晚时分，全家人围坐在火炉旁一起喝着热汤，已成为一种生活与家庭的象征。科西嘉的汤随四季而有各式各样的变化，如冬季时喝用栗子、肥肉丁及牛奶慢慢熬煮，最后加上些许茴香增添香味的汤；或是喝在"四季豆"（Fagioli）中加入猪皮、Figatelli 与香菜，放在有柄陶土沙锅中慢慢煮成的汤。在春季，则喝 Campile——以新鲜洋葱、甜菜或野薄荷调味，再加上一些弄碎的 Brocciu 奶酪煮成的白汤；或是以新鲜蚕豆、青豌豆及 Panzetta 的腌肉及紫苏煮成的绿汤。但是，最特别的两道汤，莫过于"香菜汤"（Erbiglie）与 Brilloli。

"香菜汤"运用仅存于当地的香料，如乳香黄连木、琉璃苣、野茴香、罗勒、香桃木、薄荷与当归等，加入马铃薯西红柿汤或马铃薯洋葱汤里调味，在起锅前再放入一把米，有些类似日本的"茶饭汤"。Brilloli 则是牧羊人发明的"栗子羊奶汤"，是用羊奶加上栗子粉熬煮而成，表面会形成闪闪发亮的白光，所以在科西嘉以 Brillare（闪亮）一字来称呼。

除了"栗子羊奶汤"，另一道非常受科西嘉人欢迎的料理是"鲜浓西红柿洋葱炖肉"（Stufatu）。这道料理是用牛肉、猪肉、羊肉等肉类，或是兔肉、小山鹑、小鹧鸪等，加上西红柿、洋葱、火腿、Brocciu 奶酪及白酒混合的调味汁炖成的鲜浓肉锅中，加上奶油面条，以我们八宝饭中豆沙与糯米交替叠放的方式，一层炖肉，一层面条，重复三层放入大陶土碗内，再浇上 Sauce 而成，也是一道非常家庭式的料理。

科西嘉的料理女皇——Brocciu 奶酪

满山的果树给科西嘉岛民们无限的甜点创作源泉，尤其是细皮无子的红皮小柑橘，味道非常香甜，只有每年十一月至翌年一月才能在市面上买到。科西嘉人用它来做成果酱或糖腌蜜柑橘。东部沿海一带的阿雷利阿（Aléria）平原上，常有一整片

让人想起地中海小岛上白色石屋与庭园里柠檬、柑橘树的"柠檬奶油蛋糕"。

红柑橘林，在每年 11 月结果时，会形成如火海般的盛美景观。

另一道非常、非常可口的"柠檬奶油蛋糕"（Fiadone），是将打松的蛋白加入蛋黄，再和入新鲜的 Brocciu 奶酪及一片柠檬皮切片制成。我很爱吃这种闻起来带有柠檬清香，吃起来口感又很绵细的甜食，这总让我不由自主地想到地中海小岛上那白色的石屋与庭院里的柠檬、柑橘树……

说到这里，好像科西嘉的料理中，没有任何一道与"Brocciu 奶酪"脱得了关系的。Brocciu 的原意为"抖动"、"拍打"。这个不安于室的奶酪，最后的流浪终点竟然是自己的故乡——科西嘉。Brocciu 分为三种："新鲜的"（Frais）、"干的"（Sec）及"精制品"（Affiné），可以当点心或正菜的材料使用。最好的 Brocciu 奶酪来自科西嘉的高山，口感绵密而浓郁，搭配科西嘉的红酒与栗子粉做的"双球面包"（Coupiette）相当美味。

在 20 世纪 60 年代，科西嘉曾经一度大量生产酒，使得酒的质量有所降低，直到最近才渐渐回复水平，其中以 Nielluccio 红酒与 Vermentino 白酒最为著名。科西嘉北部的"科西嘉海角"（Cap Corse）是当地最好的酒区，盛产如 Calvi、Sartène 等酒质细致的精品。

基本上，科西嘉人的个性宛如当地的景致，浓烈而刚强。我在巴黎最后两年所租住的房子就是科西嘉人的。女房东人很爽直，个性很强，往往一言不合就足以激发她发表一篇长长的高论，从政府、社会谈到家庭，大约一个小时就这么过去了，而且是

我打过去的长途电话……最后才很坚决地告诉我，地板上的凹洞，我得自己想办法补。不过，她总会在一个月后悄悄地派工人来改善……我很怀念那个小气但能言善道的女房东。当时，我找遍了巴黎的征租广告，只有她肯把房子租给我这个老外。希望，有那么一天能在科西嘉见到她……

永不分离的孪生兄弟——双球面包。

Les Cuisines Régionaux
黑钻与白珍珠——
佩里戈尔 (Périgord)

　　1997 年 5 月，我走访了佩里戈尔最美丽的古城"莎哈拉"（Sarlat），很为当地的风光着迷。

　　古城内有尖尖的高塔、蜿蜒的羊肠小道、充满中世纪风味的石头房舍、古色古香的木梁搭建的阳台和中庭螺旋状扶摇直上的楼梯；城外，美丽的湖水映着城堡的倒影，一片湖光山色构成一幅绝美的人自然美景。

在这样美轮美奂的景致里，佩里戈尔的料理同样令我心动。

Sarlat
Rocamadour
Quercy

"最好吃的食物来自大自然。"在佩里戈尔，这是活生生的证明。每个农庄都拥有独特的自制火腿，新鲜肥鹅肝（Foie gras）、松露就在自家的后院。老妈妈们以祖先留下来的偏方，制成一罐罐焖肉冻（Confit）或肉片卷（Ballottine）。在这儿，农家的家常菜就是最美味的佳肴。

在这片充满钙质的土壤上，种满了栗子树、胡桃木与橡木，各种香菇遍布，诸如有"料理黑钻石"之称的松露、略带桃子味道的鸡球菌和蘑菇；对野禽类而言，这里也是非常好的藏身之所。然而，真正享有盛名的，却是家禽——鹅，和紧追在后的鸭子及鸡群。在提菲耶（Thiviers）这个最著名的肥鹅肝城，每年有三度盛大的鹅肝市集：圣诞节、三王朝圣的主显节以及二月二日的圣母净洗节。

两王一后——肥鹅肝、松露与焖肉冻

佩里戈尔的料理有"两王一后"之说。"两王"的"肥鹅肝"与"松露"，无人不知、无人不晓。其材料本身的珍贵性与独特性，使得法国顶尖的厨师们即使打破了头，也要在鹅肝、松露生产的季节里，无所不用其极地，只为求得这么一篓松露或几个上好的新鲜肥鹅肝。

法国料理界有所谓"佩里戈尔式美食调理"一说：即以"白珍珠"肥鹅肝与"黑钻"松露调制的料理。如 Périgueux sauce，即混合两者，以马德拉葡萄酒的 Sauce 加上剁碎的松露；Périgourdine sauce 同样使用马德拉葡萄酒 Sauce，然后再加上切片的松露与鹅肝酱泥调

法国料理界中的黑钻——松露。

制。通常我很喜欢将两种调味汁搭配小巧可爱的猪肉、鸡肉类的一口酥点心，口感非常完美，而这样的组合在佩里戈尔是非常流行的。

以肥鹅肝或鸭肝为材料制成远近驰名的美食有很多，诸如鹅肝冻（Terrine de foie gras d'oie）、鸭肝冻（Terrine de foie gras de canard）、鹅肝馅饼（Tourtière）、鹅肝配小块油煎面包、香煎鹅肝等。无论是鸭肝的浓郁强烈或是鹅肝的细腻优雅，都是上乘节庆盛宴的主角。

至于那珍贵如黑钻的松露，任何平凡无奇的材料，如马铃薯、煎蛋，只要加上一丁点松露，整盘菜就如同夜空中的星星一样闪闪发光起来。在法国的文学作品或美食评论中，不乏形容这个璀璨无比的料理界香菇的溢美之词，如"黑珍珠"、"黑皇后"、"神奇的苹果"、"料理黑钻"等。松露之所以受到喜爱，却如同我们的臭豆腐般，带有一股非常类似狐骚的味道，而且其香味本身好像会发出热力。今日一千克要价一万元（台币）的松露，在中世纪时，人们却将它当成"魔鬼的象征"，避之唯恐不及。

法国料理中的白珍珠——鹅肝酱。

　　松露的类似品种高达三十种以上，但是真正达到松露级标准的，却只有 Tuber
melanosporum 及 Tuber brumale 两种，而最上等的则是前者，即法国人通称的"佩
里戈尔松露"。因为产量稀少，所以松露价格极高。尽管法国政府农业部投入许
多人力、物力与财力，希望研发出人工栽培的松露，但是他们对这只不会下蛋的
松露母鸡，也是无可奈何！近来，还出现了很多鱼目混珠的情况，如来自普罗旺
斯或西班牙、意大利的松露数不胜数，且真假难辨，甚至还出现里面混带污泥增
重的情况。如果于当年十一月至翌年三月初之间（正值松露采收期）来到佩里戈尔，
便会发现一群群训练有素的狗代替了难缠的猪，成为松露的终结者。

　　至于最受市井小民爱戴的"一后"——"焖肉冻"，是 18 世纪时农民用来保
存肉类的方法。"莎哈拉式焖鸭肉冻"（Confit de canard à la Sarladaise）、"鹅肉冻"

佩里戈尔最美丽的古城莎哈拉的古典料理"松露焖鸭肉冻"。

是莎哈拉的古典料理。"莎哈拉式焖鸭肉冻"是将鸭肉冻炒至酥脆，搭配以鹅油脂炒成金黄色的马铃薯切片，在起锅前撒少许香芹、百里香、大蒜泥，加盖焖煮片刻，再加红酸模（Oseille）酱泥丰富口味，这道菜是当地最具特色的地方料理。

美味的宝藏——"美食城"科尔西

如同普罗旺斯只使用橄榄油烹饪，在佩里戈尔的传统烹调方式里，几乎从未用到奶油，而是以猪油或鹅油、鸭油取代。

意大利的布龙尼（Boulogne）以一道"布龙尼意大利面"（Spaghetti Boulogne）风靡世界。但你是否知道，布龙尼也是一座地地道道的"美食城"？整个城的居民们，整天脑子里想着的、嘴上谈的，不是今天股市又上涨多少、又跌多少，或黛安娜王妃死前是否有孕等轶闻琐事，而是"你昨晚吃什么？""今天的酒菜如何搭配？""我觉得那家餐厅的'松露小鹌鹑'不赖！你觉得呢？"而紧临意大利的法国，也有一座美食城"科尔西"（Quercy）。

1931年，美食旅游家皮耶·贝佤（Pierre Benoît）甚至赞誉科尔西是唯一可享受到纯粹法式传统美食的城市。他在同年出版的《苏赛哈克的午餐》（Déjeuner de Sousceyrac）里这么写道："我无意间闯进这奇妙的栗园，却完全无迷路的懊悔，反而充满无上温柔的喜悦，因为我发现了这个美味的宝藏。当地居民以无限的慷慨与热情接待我，让我流连忘返。对我这么爱好美食的人而言，当地的午餐足够在我的'美食年鉴'里，写下重要的一页。"

到底贝佤形容的如此神奇的一餐为何呢？爱吃的我，当然不会错过这个传奇的"美食飨宴"……

我还记得吃完那一餐后，走路都会左摇右晃的情形：先是冷盘的"肥鹅肝"，接着是华丽的以月桂叶、百里香、红葱头加味的"葡萄酒奶油汤汁烩螯虾"（Écrevisse au court-bouillon），再来是夜晚刚钓起的鳟鱼，伴着少许塞碎肉的牛肝菌（Cèpes）。到这里我已经不行了，不过漫长的法式午餐还没有结束，再一道颜色黑黑浓浓、丰盛而奇妙的"红酒洋葱烧野兔"（Civet de lièvre），紧跟着"法式烤鸡"（Poulet rôti）与"蓝姆酒煎蛋卷"（Omelette au rhum）……你觉得如何？我已经撑得说不出话来了……

科尔西也是松露的王国。每年十一月至翌年三月，在拉贝克（Lalbenque）的地方市集，还保留着古老的传统卖法——将松露以薄薄的肥肉包裹之后，再用千层酥面团或沙拉包起，配马铃薯一起吃。

做个欢乐美食梦

说到甜点，最让我眉飞色舞了！喜欢吃油炸甜甜圈的我，对小时候唯一的记忆是母亲做的甜甜圈饼。不过不知怎么，她的甜甜圈饼总是两个半圆，合不起来。佩里戈尔也有一种类似油炸糖糕的 Merveille。在普罗旺斯，人们以橄榄油炸，但是在蓝德（Landes）却以鹅油混合面粉，做成类似油酥饼干的甜点。传统上，在法国中部，人们会在嘉年华时制作这种略带烧酒味的油炸糖糕。通常将其做成三角形或圆形，洒上糖粉后食用。

光滑如月光、形状如月亮、薄如餐盘的"Rocamadour 羊奶酪"，入眼所及就是一种视觉上的享受。自 1451 年开始即闻名世界的 Rocamadour 羊奶酪，产自位于高山上的小城 Rocamadour。

当时，所有信徒辛苦地攀爬到山顶的教堂后，总会习惯性地尝一块"科尔西的 Rocamadour 羊奶酪塔"，或将 Rocamadour 羊奶酪浸在当地盛产的李子利口酒或橄榄油内食用。不过，我最喜欢的却是搭配浓烈的黑葡萄酒 Cahors 与玉米粉制的 Méture 面包。通常 Cahors 需要三至十年的等待时间，但是近来我却发现也有一些年轻新鲜的 Cahors，甚至需要过冰处理。

　　想亲睹鹅肝的制作过程吗？或是感觉一下小猪寻找松露的乐趣？再享受一下太阳王般的盛宴如何？赶紧乘最快的飞机来这里一游吧！或……做一个充满鹅妈妈、鸭爸爸与满地松露的美梦……

如佩里戈尔星空般闪亮的"油炸糖糕"。

Les Cuisines Régionaux
让酒神耽溺的酒乡——
波尔多（Bordeaux）

　　被《红与黑》（Le Rouge et le Noir）的作者司汤达（Stendhal，1783 ~ 1842）喻为"全法国最美丽城市"的波尔多，境内城堡遍布。不过这些城堡并非是自家住宅，而是酒香四溢的"酒堡"。它们或被整修为酿酒中心，或被当成新婚夫妇蜜月旅行时的特别旅馆、结婚庆典场地、画廊，甚至舞厅等多种用途使用，以便应付庞大的城堡维护费用。

在法国大革命之前，波尔多一直是王公贵族的聚集之地。像这般有气派、有历史的城市，无疑成为拍摄法国历史片的电影导演们的最爱。然而，在这个最美的城市里，还生产令全世界都为之疯狂的波尔多葡萄酒。

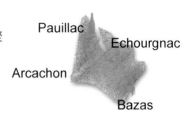

得天独厚的美食美酒产地

法国几乎四分之一以上的上等葡萄酒均出自波尔多产区，其中包括人们熟悉的"五大酒庄"：波依拉克区（Pauillac）的 Lafite-Rothschild、Latour、Mouton-Rothschild；玛歌区（Margaux）的 Margaux；稍远处葛拉芙区（Grave）的 Haut-Brion；知名的圣美浓区（St-Emilion）的第一名堡"白马堡"（Cheval Blanc）及 Ch. Ausone；波梅洛区（Pomerol）的"酒王"（Pétrus）及索甸（Sauternes）葡萄园的第一超名堡（Premier Cru Supérieur）Ch. d'Yquem。

在这个著名的产酒区内，共有六种葡萄是主要的酿酒原料。就红酒而言，大致可分为下列品种：梅铎区（Médoc）的卡伯内·苏维翁（Cabernet Sauvignon）、里布内区（Libournais）的卡伯内·佛朗（Cabernet Franc），以及逐渐受全世界欢迎的梅洛（Merlot）——通常与前两种混合。白酒方面，塞美浓（Sémillon）为最适合搭配甜点的 Sauternes 酒的主要品种，它占了几乎一半以上的收成；其次为苏维翁（Sauvignon）及慕斯卡德尔（Muscadelle）。

除了让酒神巴库斯（Bacchus）乐不思蜀的大小酒乡外，波尔多还拥有得天独厚的美食原料。阿卡雄（Arcachon）的生蚝、巴萨（Bazas）的牛肉、波依拉克的羊肉都名列波尔多的美食英雄榜。但是高居冠军的却是一点儿也不起眼的红葱头。除此之外，还有来自邻近区域如佩里戈尔的松露、卡斯康（Gascogne）的焖鹅肝酱，以及鲜美多汁的斑尾林鸽（以烧烤的方式处理）。至于那最受称颂的"雪鹀"（Ortolan），在烹调时保留其头部，食用前先放置在一个很大的餐巾内，以便保留它那独有的细腻香味及方便把脸埋在餐巾里偷偷地独自享用。

　　虽然波尔多拥有法国为数最多的城堡及在法国大革命后遗留下来数量最多的贵族后裔，但真正的精致料理却不是波尔多料理仅有的特色，值得一提的还有极尽简单的"田园料理"。

　　这些习惯大吃大喝的贵族，在法国大革命后四处流浪，只能享受田园生鲜蔬果材料做成的简便"田园快餐"，也因此诞生了一道道美食。比如最普及的波尔多"洋葱汤"（Soupe à l'oignon），简单到仅仅用洋葱、一瓣大蒜，加上蛋黄及少量的醋调味，再丢几片面包入汤碗中即成。

　　谈到"牛肉蔬菜汤"（Pot-au-feu）这道非常家庭化的蔬菜肉汤料理，在法国亦家喻户晓。法国几乎每个区域都有带着特殊地方风味的肉汤，波尔多也不例外。以猪脚为材料，加上白菜及油菜熬煮出来的肉汤味道非常清淡，一点儿也不油腻，是非常受欢迎的家常料理。

让患了"不孕症"的法国唐璜喜获麟儿的生蚝宴。

可爱的咸果子——生蚝

　　在小说《好朋友》中被莫泊桑描述成"可爱而油腻的，如同被贝壳关起来的双耳；嚼起来在味蕾与舌头间的感觉，如一颗咸糖果般"的生蚝，早在中世纪时，已被明确地分成两类：一类是带着壳的；另一类是为了因应对当时交通上的不便，事先去壳取出蚝肉的生蚝。

　　路易十四时期，法国人吃生蚝的习惯大致有三种：生食、带壳烘烤或油炸。素以大沙文主义闻名的法国男士在寻欢作乐之前，通常会猛吃上一打生蚝，而

Marenne 渔港一隅堆栈的捕生蚝器具。

且大多是关起门，几个大男人一起吃。据说，很多患了"不孕症"的法国唐璜，都是拜生蚝之赐，才能喜获麟儿。

生蚝的种类有两种。其中"肉呈扁平而壳形圆"的生蚝是地道的法国产品。法国最著名的生蚝产地贝隆（Belon），位于布列塔尼岛西南岸一个封闭的海湾内。当地的海水极冷，非常适宜生蚝生长。这里的生蚝肉质鲜美、脆而爽口，肉色略呈灰白，食用时很有"大海"的感觉，而且生蚝汁本身还带有野性的海盐味。但是这种质量极优的生蚝产量非常有限，约占法国生蚝产量的 10%。

另外一种生蚝则"肉凹陷，壳呈长方形"，是自 1970 年从日本（原产地加拿大）

来自大海的咸果子——生蚝。

波尔多独一无二的"韭葱七鳃鳗"。

引进后，在法国成功地生存下来的品种。这种生蚝大致分布于吉隆河（Gironde）小
港湾到马仑（Marennes）一带的沼泽地带。这一带的生蚝大多经过"洗白"的精
炼处理。因为此类生蚝生长的环境为产盐的老沼泽，所以必须不断地清洗处理。
再加上受当地海藻繁茂的影响，此类生蚝的肉呈蓝绿色，肉质也较贝隆的生蚝饱满，
如 Marenne d'Oléron 和 Fine de Claire。它们"清澈精致"的声名通常是用清澈的
水过分人工清洗的结果，而这往往会导致口感上的单薄，尤其 Fine de Claire 更是
如此。虽然外形上两者相差无几，但是后者的蚝肉为淡淡的蓝绿色。

　　此外，非常美味的阿卡雄生蚝，在法国也是名闻遐迩。当地的吃法通常是搭
配烘烤的扁平小灌肠，加上黑麦面包（Pain de seigle）及奶油。在生蚝上挤一些柠

檬汁或淋上红葱头加红酒醋所调制的调味汁，如再搭配一瓶"两海之间"（Entre-deux-mers）的白酒就完美无缺了。

独特的七鳃鳗

波尔多除了生蚝料理之外，还有一种特别的鱼类"七鳃鳗"（Lamproie）也是当地的特产。第一次听到这个特殊的地方料理"韭葱七鳃鳗"（Lamproie aux poireaux）是在访问白马堡总监皮耶·路登（Pierre Lurton）的时候。

他对我重复了无数次他是多爱吃这道菜，并且向我极力推荐位于有名的尚－乔尔（Jean-Jaures）广场、正对波尔多港口的餐厅"Jean Ramet"——这是他最爱的餐厅之一。主厨尚·哈梅（Jean Ramet）对海鲜料理尤其拿手。

七鳃鳗是没有鳍及鳞的特殊鱼种，长得很像它的亚洲兄弟"鳗鱼"。自罗马时代以来，它即被当做唯有贵族才能享用的珍贵菜肴。法国国王路易九世，为了吃到七鳃鳗，甚至派人到南特（Nantes）以大型水桶装着鱼运回皇宫烹煮，它的名贵鲜美可见一斑！

另一道由卡汉姆发明的名菜"卡德伦蜗牛"（Escargot Caudéran）是以白酒加干火腿绞肉及红葱头、大蒜调制。至于节庆时的菜肴，更是少不了波依拉克的"烤羊后腿肉"（Cuisse du mouton de Pauillac）。这道菜是在肉上撒上面包粉后烤制，再加上炒松露片马铃薯。

如果游经波尔多，随便问任何一位波尔多人"你觉得此地最引以为傲的是什么？"百分之百的波尔多人会回答是"波尔多酒"。而所谓的"波尔多料理"，也沾染上浓郁的酒香，不论使用哪一种材料，

大多都加入了白酒及红酒。而选择加入什么酒调味成 Sauce，也有一些学问。如"波尔多式牛排骨肉"（Entrecôte bordelaise），即以卡伯内·苏维翁及梅洛来增加肉的香味。通常将肉的两面烤过后，于起锅前撒下红葱碎粒及核桃奶油加味，并淋上以红酒和红葱头、肉汁混合调成的 Sauce，即是地道的"波尔多式牛排骨肉"。

　　一般而言，在法式料理中，红酒搭配红肉或野禽、家禽类料理，干邑及白酒则搭配海鲜料理。酒与菜之间的搭配亦然！喜欢以香槟或清淡白酒做开胃酒的法国人，遵守一项餐饮规定：酒与菜的排列顺序由清淡转为浓郁。在甜点之后为干邑酒，而且每道菜之间要以矿泉水略微清洗口腔中残留的前道菜余味，以便好好地品味下一道佳肴。

独一无二的波尔多甜点

　　在波尔多享受一顿地道的地方盛宴时，若没有"凹槽型焦糖肉桂蛋糕"（Cannelé）这道甜点，简直如同没有来过波尔多一样。

　　吃起来分外有弹性的 Cannelé，外观如同小型的筒管英式布丁；外层有如橡皮筋，内层却柔软香甜，并且略带肉桂、白兰地的香气。这个让我极度垂青的法式甜点，

（左）养在深闺无人问、一举成名天下知的"凹槽型焦糖肉桂蛋糕"。
（右）Echourgnac 奶酪。

在法国本土却是养在深闺无人知。吝惜出门的它，真的每次都要我亲临波尔多，才能一解相思之苦。至于 Cannelé 芳名的由来，一则是因为它的蛋糕模具的形状，另一方面则源于它的肉桂香味。

在波尔多，还有一个绝对不能不知道的 Macaron——"蛋白杏仁甜饼"。这是源自意大利威尼斯，于公元 791 年被僧侣以自身肚脐眼的形状制成、非常受民间欢迎的法国甜点。

完全以杏仁粉为主要原料，外表圆滑，口感酥脆，内馅柔软，有咖啡、草莓、黄连木果、巧克力、

法国面包店里的明星——波尔多王冠面包。

香草等不同口味的"蛋白杏仁甜饼"，搭配一杯 Sauternes，让我时常足以消磨一整个下午。

在法国面包店里，入眼所及的面包明星，即是外形别致抢眼的"波尔多王冠"（Couronnes bordelaise）。它由八至九个同样大小的圆球组成如太阳光环般的形状，再以薄薄的环箍覆盖其上。圣诞节时，孩子们都喜欢比赛谁最先撕破它的九个球。"波尔多王冠"搭配 Echourgnac 奶酪及圣美浓红酒最为适合。

喜欢古迹、海鲜及美酒吗？

波尔多是让你夜夜沉醉的美丽海港。

Les Cuisines Régionaux
环山靠海的大自然飨宴——
中央比利牛斯山（Midi-Pyrénées）

　　喜欢吃鹅肝酱、喝饭后酒雅马邑的老饕，是绝对不会错过法国西南部美食之旅的机会。躺在绿草如茵的比利牛斯山区，边欣赏大自然美景，边嚼着巴荣纳（Bayonne）生火腿，喝着马第宏（Madiran）红酒，再在饭后配上当地牧羊人自制的新鲜 Roquefort 奶酪；奢侈一点的，再来一杯饭后的雅马邑。此时听着羊群的咩

咩声，阵阵花香、草香亦随风传来，在
风声、羊声、花草香及浓浓雅马邑酒
的催化下，想不在草地上入梦都很难。
这般美食、美酒、美丽的人生，真
是令人心旷神怡啊！

　　但是，若想感受真正的法国自然景致，
享受一顿地道的海陆大餐，到环山靠海的巴斯
克（Basque）造访则是上上之选。伏尔泰（Voltaire，1694 ~ 1778）曾提及："在
山中跳舞的巴斯克人如同淘气的孩子，但为了保护名誉和家乡菜的美誉，却结群地
为此拼命。"可见他们多自豪于自己的美食。

大自然魔法师的绿色笔触

　　尽管法国西南岸各个小镇均拥有各具特色的地方菜，但是环山靠海的巴斯克，
得天独厚地拥有来自大海与比利牛斯山的新鲜鱼类资源，再加上那抹大自然特有的
"绿色笔触"——使食物改头换面及增添食物风貌的辛香料，如香芹（Persil）、牛
至（Marjolaine）和被古希腊人喻为"山地的欢乐"的 Origan、"辛香料之王"罗勒、
莳萝的种子（Dill）、胡荽（Coriandre）、艾属香料（Tarragon）、百里香、带有胡
椒香味的风轮菜（Sarriette）等等，使得巴斯克的菜别具大自然风味。

　　另外特别值得一提的是"Espelette 红辣椒"。这是一种只有神才能创造出的、
非常辣且带有丰富花果味，却不会引起口腔或腹部灼烈难受的辣椒。巴斯克人非常
喜欢用它来强调食物的美味，等同于"藏红花"在西班牙海鲜炒饭中的地位。

　　早出晚归的巴斯克牧羊人，在忙碌了一天之余，会回到寒冷的山林小屋，升起
炉火，在火上煮一锅"扁豆菜肉汤"（Elzekaria）。这道
混合了白甘蓝菜、洋葱、扁豆、肥猪肉丁及一颗压
扁的大蒜熬成的热汤是祛寒的最好热饮。在微
弱的烛火照映下，这道温馨的"扁豆菜肉
汤"陪伴比利牛斯山的牧羊人度过了一
个又一个寒夜。

在法国，没有人不知道一道非常家乡味的菜肴——"土鲁兹扁豆烧肉沙锅"（Cassoulet Toulousain）。这道南法兰格托克（Languedoc）的地方菜，是于菜豆（Haricot blanc）加猪皮及不同调味料混煮而成的菜豆泥上再添加肉块，食用之前先把面包屑或干酪丝撒在菜面上烘烤成金黄色。这道菜浓郁而滋补，其主要素材早先是蚕豆，直到16世纪，才由从西班牙传入的菜豆取而代之。

法国厨界巨擘摩答内曾说："扁豆烧肉沙锅为来自奥克（Occitane）的料理，共有'卡尔卡松'（Carcassonne）、'卡思特浓达利'（Castelnaudary）及'土鲁兹'（Toulouse）三种。原始扁豆烧肉沙锅的做法是由罗马人传入的，以羊肉与蚕豆为主。

现在上述的三地则皆以扁豆为主，但配料略有不同。'卡尔卡松'是以猪肉为主，由火腿、猪脚、香肠、五花肉组成，再加上一片鹅肝酱；'卡思特浓达利'则是以羊后腿肉为主；而在土鲁兹一地，在狩猎季节时，通常人们习惯吃这道非常滋补的扁豆烧肉沙锅，搭配新鲜的当日猎物，如羊后腿、土鲁兹的香肠、猪胸肉及鹅肝或鸭肝等分量十足的材料。"

陪伴早出晚归的巴斯克牧羊人度过寂寞夜晚的"扁豆菜肉汤"。

无人不知、无人不晓的家乡菜肴"扁豆烧肉沙锅"。

想象力与诗意幻化的甜点

　　谈到甜点，法国对我这个视甜点如命的人，可谓是人间天堂。我想不出还有什么比甜点更具诱惑力，让我独独选择法国为留学地点的理由。光凭法国人一点点浪漫的幻想力，就足以将贾克·德米（Jacques Demy）导演的《秋水依人》（Les Parapluies de Cherbourg）中的雨伞，变成了结合当地 Calvados 苹果酒与苹果的"诺曼底 Calvados 苹果塔"。更无需赘言贝亚恩省（Béarn）著名的"雅马邑苹果千层派"（Pastis）。千层派皮因加入橘子水及柠檬水的香精而多了一份独特的香甜，再将苹果片浸泡在雅马邑中，等待苹果肉饱吸了雅马邑的香醇与甜美后，再沥干雅马邑做

充满秋天诗意与雅马邑清香的"苹果千层派"。

馅。"雅马邑苹果千层派"的特色不仅在于融合了酒香与苹果的香甜，也在于派皮的薄而酥脆，宛如一叶叶秋叶般，所以充满想象力与诗意的法国糕饼师傅便以"千叶"（Mille Feuilles）来称呼这种特别的派皮。

既然提到这个让我心旌荡漾的雅马邑，就不能不说说它的背景。如同干邑来自 Cognac、香槟来自 Champagne，也仅有位于法国西南部卡斯康省的 Armagnac 出产的白兰地才可称作为雅马邑。当它的兄弟干邑在世界各地大出风头时，雅马邑仍是待在闺中人未识！

雅马邑所采用的葡萄品种为白佛尔（Folle Blanche）、白优尼（Uni Blanc）及哥仑巴（Colombard）三种法定品种。每年三月，卡斯康省的空气中就开始弥漫着浓浓的酒香。传统雅马邑的制造步骤是采取多次蒸馏法，在一个巨大的蒸馏器里放置五到八层板，每一层都经过冷凝，再经蒸馏的蒸发处理，直到获得最纯净的酒。蒸馏后的酒要先放于橡木桶中酝酿出香气与韵味，再放到已装过干邑酒的橡木桶里。如此一来，雅马邑的色泽会较干邑更深，并且染色的时间较短；但是同样地，雅马邑的保存时间也较干邑更为长久。用来装雅马邑的酒瓶通常为腹部扁平的巴斯克瓶。最好的雅马邑是所谓的"陈年"（Hors d'âge）雅马邑，酒龄往往超过二十年。

美食的天堂乐土

如果说世间存在一块美食的天堂乐土，那么绝对会是"固耶"（Guyenne）。除了波尔多、Bergerac、Cahors 的酒之外，还加上来自佩里戈尔的肥鹅肝、亚荣（Agen）的李子干、雅马邑的白兰地；

挑逗情圣卡萨诺瓦情欲的魔药，比臭豆腐还臭的 Roquefort 羊奶酪。

最重要的是那块带蓝霉点的干酪 Roquefort。

　　无论是外形或口味，Roquefort 羊奶酪都很独特。自罗马时代即已存在的 Roquefort，让查里曼（Charlemagne）大帝觉得异常美味，还专程派人从亚克斯－拉－查贝尔（Aix-la-Chapelle）送来。但这闻起来其实比臭豆腐还臭的奶酪，传说是引起情圣卡萨诺瓦（Cassanova）情欲的魔药，而这可能是招致法国人对它疯狂迷恋的主因吧！

　　如今，Roquefort 已经成为法国餐后必备的奶酪之一。通常我习惯将它搭配黑麦面包、麸皮面包（Pain de son）。更考究的人，建议可搭配状如我们荷叶包的比利牛斯山黑麦面包（Fougnole des Pyrénées），再加上一点强劲的红酒，如 Cahors、Madiran。不相信是吧！试试看就知道。

Les Cuisines Régionaux
可丽饼的故乡——
布列塔尼 (Bretagne)

　　从大海的围绕中诞生的海上民族——布列塔尼人，富于冒险的精神，充满了对
自由的渴望和对超自然现象的崇拜。血液里流淌着水手梦想的他们，向着海岸彼端
的大陆，憧憬美好的未来。尤其生活在这块贫瘠荒芜的土地上，拥有丰富创造力、
热情、勇敢、坚毅的心灵，是布列塔尼人能世世代代与逆境搏斗，并且开创出独具
一格的布岛文化的重要原因。

布岛的历史岁月

Brest
Saint-Brieuc
Guéméné
Guérande

早在公元前 6 世纪时，克尔特人（Celt）即来到杳无人迹的布岛，将此地命名为"阿尔摩"（Armor），意即"海的国度"，并在岛上建造巨石堆砌成的建筑（Mégalite）。在普路阿哲勒（Plouarzel），仍保留至今欧洲最高的史前巨石卡洛思（Kerloas），其高度为十二米，重达一百五十吨，已雄踞约四千年的岁月。公元前 5 世纪，西泽征服此岛后，开始长期的罗马文化统治。直到撒克逊人（Saxons）入侵，征服此地（460 ~ 826），才将这里改称为"小布列塔尼"（Petite Bretagne），这是个相对于"大不列颠"（Grande Bretagne）的称呼。

1532 年，布岛与法国合并，形成现今的法国版图。但是直到 1789 年法国大革命爆发之前，布岛的居民始终享有免税的权利。1789 年后，布岛的居民如同法国人，必须尽国民的义务。在第二次世界大战之前，布岛的居民甚至被禁止使用带布岛地方特色的方言。在教会学校里，不守校规、讲方言的学生必须被迫在脖子上戴着象征"耻辱"的项链，直到这位学生找到"代罪羔羊"，才可以将此象征项链交接给下一名同学。

布列塔尼传统餐具多以蓝色调为主。

这种强制性的作风，虽然确保了法国版图的完整，却也使布岛后世子孙几乎完全丧失说、写母语的能力，并逐渐流失了地方文化与历史的根。然而，当我游经布列塔尼地区的城市时，仍可见到以布语标示的街道或商店名称，仿佛印证着过往历史的轨迹。而若还想挖掘更多布列塔尼文化，我建议由布岛的料理开始。布岛居民至今仍完整保留了特有的美食艺术，甚至菜肴本身也还沿用着布列塔尼的称呼。

布岛居民都是非常虔诚的天主教徒，任何精灵、魔术师、传说中的仙女或巫婆、妖魔，都被岛民视为邪恶的恶魔。

　　由于岛民的虔诚与迷信，布岛时常举行圣者的游行。岛民与圣使徒之间的关系极为亲密，有如朋友或家人一般。除了对圣灵的崇拜，布岛居民在与日常生活密切相关的衣食住行方面也有特别的节庆活动，如每年举行的可丽饼节、苹果酒节及奶油节等地方庆典。每逢节日时，则有所谓"大周末游行"（Le Grand Weekend）。身着传统服饰的岛民，在街道上唱歌、跳舞，还有很特殊的马车大赛、收割祭等丰富的民俗祭祀活动，使以渔业为主的布岛居民生活增添了些许风采。

（上）身着传统家居服的布列塔尼岛民。
（下）全麦咸鸡蛋牛奶烘饼——Galette。

打出美食天下的可丽饼

　　在政治上彻底输掉了的布岛，却以平凡无奇的薄薄一片鸡蛋牛奶饼打出了天下，在法国美食强敌环绕中荣登宝座，使如今的法国在各个角落都可以尝到。但是，我认为真正最美味的这种饼，仍只有在布列塔尼当地才可能尝到。这片薄薄的鸡蛋牛奶饼，即我们熟悉的"可丽饼"（Crêpe）。

　　自 12 世纪以来，布岛居民无分贵贱，都享用美味营养的可丽饼或是较厚的全麦烘饼 Galette。

　　布岛地区的居民们以可丽饼或烘饼来代替传统的面包，并伴着奶油、鸡蛋、香肠及生洋葱切条一起食用。在 1681 年的法国文献上甚至记载："若没有六十年前荞麦成功地移植到布岛，此地的穷苦大众，不知会有

拯救数百万人免于饿死命运的可丽饼。

多少人死于饥寒交迫。"布岛的自然环境中有很多区域都是硬石堆砌的石块和贫瘠的土壤。在荞麦尚未成功种植之前，可谓寸草不生；再加上布岛气候寒冷又滨海，在海风的侵袭下，几乎没有什么植物可以茂盛地生长存活。

早期，可丽饼是在以陶土为材料制成的大圆盘或圆石板上制作；近15世纪时，人们开始采用铁制的平瓦板；而直到现代，才转换为铁制的平底锅。布岛的方言称这个平底锅为Bilig，法文原名则为Galet，是"卵石"之意；顾名思义，器具本身也是椭圆形或圆形。15世纪以来，布岛居民制作可丽饼时，甚至可以一次做两百个以上，供全家人一星期食用。

一般而言，由白面粉、鸡蛋、牛奶调制而成的面糊做成的可丽饼为Crêpe，而以荞麦或当地俗称的"黑面粉"（Blé noir）加水及些许蜂蜜制成的较厚全麦烘饼则为Galette。通常Crêpe搭配如巧克力、果酱、鲜奶油，甚至蓝姆酒等甜馅；

永远向着海岸彼端的大陆，憧憬美好未来的 Cotriade 鱼汤。

Galette 则搭配培根、火腿片、起司、鸡蛋等咸馅，而我一般喜欢搭配布岛的苹果酒一起食用。

布岛还有一道非常特别的传统菜肴——"甜牛奶鸡蛋糕"（Far），其变化有甜、咸两种版本。Far 与法国一般所谓的"甜牛奶鸡蛋烘饼"（Flan）很类似，有李子及葡萄干两种。但在更早期，Far 是将白面粉与黑面粉混合而成的咸面糊放入麻袋内，扎口煮熟成固状后，切片配咸奶油食用；特别是有一种加了肥肉、粗面粉与蔬菜煮成的 Kig ha fars。

十五分钟的鲜美滋味

　　濒临大海的布岛，随时都可以享用最新鲜的海鲜，甚至是世界上最好的海鲜。诸如位于圣布里克（Saint-Brieuc）及布雷斯特（Brest）之间水域的大螯虾，现在已经愈来愈少见。其身躯为蓝黑色、带黄点，烹调后呈现红色，是当今最好的大螯虾。而贝隆名不虚传的生蚝，曾被当今法国厨艺界的"天才厨师"皮耶·卡内（Pierre Gagnaire）形容为"品尝后十五分钟内，口颊都留着生蚝的鲜美"。

　　地道的布列塔尼"白汁鳕鱼块"（Morue en sauce blanche）与马铃薯及香草料一起以小火炖，也是别具风味的料理。但是或许你会更喜欢当地的海鳗。将海鳗浸泡在苹果酒里数小时后，再加入马铃薯及青豌豆清蒸，别有特殊风味。

　　另外，当地还流行一种非常鲜美的鱼汤Cotriade。这道汤选择肉质清淡的鱼类，如沙丁鱼、鳕鱼、海鳗、鲭鱼等，加入马铃薯、洋葱或奶油、猪油一起熬煮，搭配淋上少许醋的面包片一起食用。

　　在布列塔尼，几乎所有的烹调都会用到奶油。我的法国好友不少是布列塔尼人，每次到她们家做客，早餐便是法国面包涂奶油；午餐则是奶油厚厚一层刷在蛋饼表皮上的"香肠奶酪可丽饼"，搭配著名的布岛"葛魅内香肠"（Andouille de Guéméné），这已足够营养了，若不满足，再加一盘"蜂蜜可丽饼"当甜点；下午茶时间更是充

布列塔尼各式水手打结样式图。

形状宛如花卷的 Pain de morlaix。

满了奶油香，从典型的"布列塔尼蛋糕"（Gâteau breton）、著名的 Petits bigoudens 饼干、纯奶油制成的长形"四合糕"（Quatrequarts），甚至是早先提到的李子或葡萄干的"甜牛奶鸡蛋糕"等，都是高纯度的奶油面粉制品；若是晚餐再来一盘"布列塔尼奶油扇贝"（Coquille St-Jacques à la bretonne），则满肚子都是奶油。严格一点来说，布岛人视奶油如命，真是一点儿也不为过。

盐中之花——Fleur de Sel

除了如此丰富的海产外，在布岛位于大西洋岸的 Guérande 的小岛上，还生产一种有"盐中之花"称号的特殊海盐 Fleur de Sel。被法国美食界尊为"盐中经典"的 Fleur de Sel，不仅被当做调味品使用，其特有的细致与独特咸味，还为食物增添前所未有的华丽气质。在烤好的小牛排上撒上一点点，就能够使小牛排的肉味更凸显。这种珍贵的纯海盐，如今产量已日益减少，近来法国政府已经将此地区关闭成为保护区。

以奶油闻名全法国的布列塔尼，竟然在 1841 年才真正拥有该区生产的奶酪。13 世纪时，在一个剧场演出中，竟然因教皇不准布列塔尼人吃奶酪的一幕，让群众笑得前仰后翻，而让自尊心强的布列塔尼人扳回面子的牛奶酪，就是 Petit-breton。当它尚新鲜时，搭配南特一瓶由数种 Muscadet 混合而成的 Gros plant 或称为 Muscadet sur lies 的白酒（一种干白酒，口感清爽，带有浓郁的花香），以及当地如我们花卷般的特殊花卷面包 Pain de morlaix 是最好不过了。

　　布列塔尼人的诚恳、正直、热诚与善良，加上难得一见的海浪奇景、闻名的圣
保罗（St-Paul）海港美景、石头搭建的小屋、海中林立的小岛及各式各样与衣食住
行有关的祭典，使布列塔尼绝对成为一个让你流连忘返的地方。

充满着布列塔尼浓浓奶油香的"布列塔尼奶油扇贝"。

Les Cuisines Régionaux
佐伴光荣与挫败的美食地——
诺曼底 (Normandie)

　　诺曼底，这个标示着法国第二次世界大战光荣与挫败耻辱的半岛，如今已经成为观光胜地。半岛上林立的苹果树与各式各样的鲜花，使我很难相信这里曾经尸骸遍野、血流成河。不知道是否因为经历过战争的惨痛，在诺曼底地区，竟然没有生产红酒，取而代之的是带着苹果蜂蜜香甜的 Calvados ——"苹果烧酒"。可能诺曼底人并不喜欢红酒颜色所带来的血腥回忆吧！

什么都吃的法式"五更肠旺"

谈起诺曼底，就不由得使我想起某年夏天到当
地旅游时，旅馆的早餐是"胖嘟嘟的小母鸡母亲的
煎鸡蛋卷"（Omelette de la mère poularde）。这个名字非
常可爱、但形状虽似平凡无奇的煎蛋，却是昔日诺曼底最受欢迎的简餐之一。

据说，当时在诺曼底，有一名体型非常像小母鸡的厨娘（故有"母鸡厨娘"之名）
共育有十二名子女。每次到了用餐时分，就是她最愁眉不展的时刻。某日，她出了
一趟远门，将小孩托付给邻人；而等她办完事回家一看，这群原本胖嘟嘟的孩子们，
才两天光景，便一个个面黄肌瘦。望着这些孩子们，心疼万分的"母鸡厨娘"匆匆
忙忙地找出十二颗鸡蛋及奶油、鲜奶油（Crème），将蛋白与蛋黄分开打，再将打
松的蛋白和打散的蛋黄、鲜奶油及加少许盐、胡椒做成的蛋汁，放入融化的奶油锅
中，以汤匙拼命搅拌，再将其对折为半圆状。煎蛋做好后，孩子们纷纷狼吞虎咽地舔下最后一滴盘中的蛋汁。于是，这位"母鸡厨娘"便将这道临时起意的煎蛋，取名为"胖嘟嘟的小母鸡母亲的煎鸡蛋卷"。当我在诺曼底度假的那段日子里，每天早上吃这道煎蛋时，

洋溢幸福与甜蜜爱意的"胖嘟嘟的小母鸡母亲的煎鸡蛋卷"。

最适合在诺曼底花园中享受的"卡恩式牛羊猪肚"。

心中总有不知何来的幸福温馨的感觉……这大概是母爱的力量吧！

　　虽说中国人是全世界最敢吃、也是最会吃的民族，但是法国人却也不遑多让。从动物的脑子、内脏、猪皮、肝脏、心、蹄膀，到地上爬的蜗牛，全都进了法国老饕的胃里。四川菜里有一道著名的"五更肠旺"，而在诺曼底，则有与之匹敌的"卡恩式牛羊猪肚"（Tripe à la mode de Caen）。事实上，法国各省都有"牛羊猪肚"这道菜，但是，真正在这道菜的处理方式上赢得美誉的却只有"卡恩式牛羊猪肚"。

　　卡恩（Caen）与著名的诺曼底苹果烧酒产地紧邻。耳濡目染中，当地人连料理中都不忘记加入地方特产——"苹果烧酒"及"苹果酒"，以增添特殊的苹果香味，而"卡恩式牛羊猪肚"自然也不例外。"卡恩式牛羊猪肚"是将切成五厘米见方的羊胃、牛肚等，加上大蒜、百里香、月桂叶等香料及一块牛油，再淋上苹果烧酒及苹果酒，加少许面粉与适量的水煮开入味，再放进烤箱烤制约十小时而成。这道菜的制作过程非常费时耗力，但是口感香甜，吃后三日不知肉味。

在大战壕沟中一夕成名的苹果烧酒

前面所述的两种诺曼底最知名的酒——"苹果烧酒"及"苹果酒"，都是以苹果压榨的汁加工制成；但后者是将不太绿或不太熟的苹果均匀地混合压汁。质量优良的苹果酒多半口感柔和，带有轻微的苦酸味；若是制造过程有些许失误，也会加一些梨子来补救。

苹果酒的做法是：苹果堆放几天之后，当苹果变成如奶酪般的黏稠状时，压挤出所需的苹果汁，然后将挤出的原汁倒入酿酒槽中放置约一个月，再经过箆清、过滤、消毒、清除具有腐蚀性的物质后，装瓶上市。通常苹果酒的酒精浓度约为4%至5%左右。一般而言，苹果酒分为下列几种：Pur jus，指没有加入任何水分的"纯原汁"；Mousseux，指气泡酒；Sec、Brut、Fermier，指酒精浓度较高者；若标示Doux，则酒精浓度约为3%，且较Sec甜，因为其中的一部分糖并未转化发酵为酒精。还有一类比较少见的产品Cidre bouche，是一种在封闭的瓶里继续发酵的酒。通常这种酒瓶口的软木塞都以铁丝封住，如同香槟的封口法。

诺曼底也生产"梨子酒"，但是因为不易保存、制造过程复杂而产量日益稀少。

我第一次到诺曼底旅行时，不是为了它著名的海滩，也不是因为如诗如画的风景，而是为了买令我醉心的苹果烧酒。这个喝来如初春百花蜜酿的苹果烧酒，真正存在于世的时间却不到一个世纪。

第一次世界大战期间，诺曼底满山遍野都是壕沟，守在壕沟里的士兵们，人手一瓶苹果烧酒祛寒解忧。在战争结束后，当地居民发现壕沟里到处都是苹果烧酒的酒瓶，便认为是苹果烧酒帮军队打了胜仗！一夕之间，"苹果烧酒"之名响彻全法国，甚至名扬世界。1920 年开始，布列塔尼人与诺曼底人在巴黎"蒙巴纳斯"（Montparnasse）车站附近的咖啡店里喝咖啡时，都习惯在咖啡中加一点点苹果烧酒。这个古怪的动作立刻引起巴黎人的好奇，并掀起一股时髦风潮。

最好的苹果烧酒是来自 Pays d'Auge。法国民间有"Faire le Trou Normand"一说。这句话照字面解释是"诺曼底人的洞"，但其实这是当地人遗留下来的一种习俗，指"在两道菜之间喝一小杯苹果烧酒"。若无苹果烧酒，也可以用干邑或水果烧酒（Eau-de-vie de fruits）代替。通常在一顿丰盛餐宴的前菜与鱼类主菜后，先饮一小杯苹果烧酒，一方面帮助消化，另一方面可以促进食欲，帮助诺曼底人的胃再塞下一只烤羊腿。不过现在 Trou Normand 已经被"甜酒水果冰"（Sorbet aux fruits arrosé d'un alcool）取代。

苹果烧酒的资历是显而易见的，这由瓶上的标签即可区分。如最年轻的酒，以三颗星或三个苹果表示为期两年；Vieux、Réserve 表示三年；若是 Vieille réserve、VO 则表示四年；VSOP 为五年；再往上则以 Napoléon、Hors d'âge 或 Âge inconnu 表示。

令人无法转移目光的奶酪明星—— Camembert

诺曼底有一个让全世界都无法在它面前转移目光的奶酪明星—— Camembert。随便问一个外国人哪些东西最能象征法国，任何人都会毫不犹豫地回答："巴黎铁塔、法国面包、Camembert！"如今在法国人心目中，Camembert 已成为一个等同于耶稣基督的谜。

长相像胖男人凸出的肚子或秃驴脑壳的"奶油圆球蛋糕"。

但是，Camembert 的诞生却是早在 1680 年。只是由于当时在法国境内制作奶酪仍属僧侣的私有秘密，不愿公开给民众知道，但自一位农家女意外从某僧侣处得到制作方法并试验成功后，即得到我们今日所吃的 Camembert。然而，直到 1890 年，由工程师瑞德尔（Ridel）发明木盒包装后，才使 Camembert 更方便携带，并将其带至全法各角落。

Camembert 的口感十分细致光滑，而奶酪本身也很柔软，味道虽强但很匀称，搭配 Pauillac 等口感强劲的酒，再加上诺曼底著名的面包 Pain brié 是非常适宜的。

Pain brié 于 14 世纪时由西班牙僧侣传入法国。

十兵的干粮——Pain brié。

当时，滨临 Calvados 岩礁有一艘搁浅的大帆船，船上是漂流了数天依然健在的僧侣。他们在昏昏沉沉中道出的救命仙丹，就是这种很扎实、又可以久放的面包。消息传开后，一夜之间，所有诺曼底的面包师傅们都在拼命赶制这种面包，作为士兵们出外打仗的粮食或荒年时家中的备用干粮。

制作 Pain brié 时，要将一个木制的撬棒重重地打在和面缸中的面团上，把面团中的空气压出，并且表皮必须烤得非常硬以免接触空气，而面包心则为紧密的棍状或球状。

完美的餐宴，少了甜点，就像美丽的女人少了大脑一般，总觉得缺了点什么。在糕点的世界里，诺曼底奶油充分展现了它的才能。如长相像胖男人凸出的肚子或秃驴脑壳的"奶油圆球蛋糕"（Brioche），在诺曼底，则变化成了"液体奶油圆球蛋糕"（Brioche coulante，又名 Fallue）。此外，奶油做成的千层派、包烤苹果肉或梨子肉做成的"苹果／梨子千层酥"（Bourdelots /Douillons），以及"苹果塔"（Tarte aux pommes）、"卷边苹果酱馅饼"（Chaussons aux pommes）等，更是不容错过。

当然，除了美酒、奶酪、佳肴，还有海景。

住在帐篷里的"梨子千层酥"。

诺曼底的海景让我至今都难以忘怀。我还清楚地记得我下榻的海边旅馆的早餐室，从每个窗户望去大海都是一幅完美无瑕的绘画，而且随着季节、气候与时间变化。

只可惜，这难得一见的美景却遇上我那出了故障的照相机，所以我只能将这无限美景，以文字与大家的想象力分享了……

Les Cuisines Régionaux
置身"法国花园"里的野餐——
罗亚尔河谷区 (Pays de la Loire) ／
中央区 (Centre)

　　延绵不绝的山谷、宜人的气候、大大小小错落于灌木林间的城堡，使得法国历代国王宁愿舍弃无聊的一座座塞纳－马恩省河畔森严的皇宫府邸，也要来到如诗如画的罗亚尔河两岸别居。居住在这些青山绿水环绕的城堡内，生活是一种意境，也

是一份惬意。杜尔的如画美景，曾使法国国王赞叹
为"法国的花园"。而罗亚尔河下游的安茹
（Anjou），因盛产各式水果，如
梨子、苹果、意大利李子，以及
蔬菜、鲜花、罗亚尔河中的鲜美
渔产，还有家家后院的苗圃，而赢得"甜美安茹"
之名。

Anjou
Vendée
Tours
Challans   Chinon
Saumur-Champigny

　　罗亚尔河还享有另一项美誉："法国最文化的区域"。

吃出来的文化

　　法国最后一次文化语言运动发生在 16 世纪末期，由身兼美食家、讽刺作家、僧侣、医生数职的方素华·拉伯雷发起。至今，法国人仍认为全法国法语说得最纯正的地区是罗亚尔河一带。而此地的居民在眼神和举止上，亦流露着些许"末代贵族情结"，有点高傲与慵懒。每到晚上八点，家家户户门窗深锁，好像不再欢迎外人打扰。然而，平日沉默寡言的杜尔人，每当全家围着饭桌共进晚餐的时候，便个个摇身一变，成了能言善道的思想家、批评家。举凡任何值得讨论的话题，诸如经济改革方案、文学家的作品、某位思想家的著作、法国当前的移民法改革方案、巴黎的画展等，都在讨论议题之内。我住在杜尔的一个月期间，法文突飞猛进，都得力于这充满思想与文化讨论的晚餐时间。

　　那么我在杜尔的一个月，晚餐究竟都吃了些什么？虽然杜尔人具有富于思考批评的精神，但是，法国人就是法国人，天大

地大仍比不上法国佬的肚子大。他们借着言谈之余的喘气时间，赶紧往嘴里塞食物；我当然也不例外，在他们发表高论或歇息的时间里，拼命地夹菜往盘子里送。有一回不巧，当他们说累了，转头望着刚吞下一块"安茹猪血香肠"（Gogues angevines）的我，用期望的眼神希望我发表一些对问题的看法时，我的猪血香肠刚好哽在喉头，忙乱间，只好胡乱地吞下一大口 Chinon 红酒，以推动卡在喉间的猪血香肠……老实说，那天说了什么，我早已忘记，但是我却清楚地记得在这一个月间，我吃过了些什么。

平衡、和谐、节制、审慎的杜尔料理

罐装的"广达香肉酱"，相信你我都不陌生，但是你大概不知道，法国也有肉酱类制品，除了声名远播的"鹅肝酱"（Confit d'oie）、"鸭肝酱"（Confit de

杜尔人名为猪仔三部曲之一的"杜尔熟肉酱"，将平衡、和谐、节制与审慎熔于一炉。

法国国王最喜欢的罗亚尔河谷鱼料理——红葱头奶油鱼。

canard），还有非常家乡口味的"杜尔熟肉酱"（Rillettes de Tours）。

　　喜欢逻辑、清晰、整齐的杜尔人，对"杜尔料理"（Cuisine Tourangelle）也讲求"平衡"、"和谐"、"节制"与"审慎"四大原则。杜尔人将他们对人生的哲理与省思巧妙地融入特殊的猪肉料理。当地有名为"猪仔三部曲"的料理："猪、鹅炸油后的油渣"（Rillons）、"熟肉酱"（Rillettes）和"香肠"（Andouilles）。其中"杜尔熟肉酱"最受文豪巴尔扎克青睐，还被他曾比喻为"棕色的果酱"，因此在杜尔的地方美食里占有绝对的崇高地位。

　　通常我很喜欢将"杜尔熟肉酱"与罗亚尔河河谷产的白酒 Montlouis、扁平的圆形面包 Foué、醋腌葱头及醋腌小黄瓜一起食用。最好的熟肉酱产自"杜尔"及"傅佛菲"（Vouvray）两地，使用新鲜的牛肉制作而成；若更考究一些，则使用尚在怀胎期的母猪或刚生下来不久的小猪，据说这样肉质才会鲜美多汁。

将上述食材切块后，放入加入猪骨与软骨的大铁锅中煮制五至六个小时，增加油性，再加大蒜、盐与洋葱入味，即可做成熟肉酱。

罗亚尔河的渔产也是非常傲人的。当地最具代表性的鱼是 Sandre。这种鱼长约一米、重量可达十五千克，肉质非常美味，有点类似我们的草鱼，但刺较多。当时法国国王与随从来罗亚尔河的城堡度假时，总会将回程延期。夜夜盛宴的国王，总喜欢在菜单上安排几道鱼类料理，如"奶油白斑狗鱼"（Brochet au beurre blanc）、"酸模西鲱鱼"（Alose farcie à l'oseille）、"红葱头奶油鱼"（Sandre au beurre d'échalotte）及著名的"红酒洋葱香菇李子鳗鱼"（Bouilleture）等，都展现了当地厨师烹调河鱼的那些诸多充满想象力的手法。

不起眼而美味的夏隆鸭子

继续往罗亚尔河区下端，在位于法国西部中央区的普瓦图（Poitoux）及旺代（Vendée）不难找到法国美食文学中数度记载的夏隆（Challans）的鸭子。这种外形不起眼的鸭子，体型娇小，肉呈红色、肉薄、油脂厚，吃来非常美味。

巴黎著名餐厅"银塔"（Tour d'Argent）的招牌菜"血鸭"（Canard au sang），即为来自夏隆的产品；若搭配来自波依拉克的酒，口感刚好平衡。

说到甜点，旺代有一道著名的"旺代奶油圆球蛋糕"（Brioche vendéenne）。旺代有一句俗语："没有任何节日少得了'奶油圆球蛋糕'！"昔日，在犹太教的逾越节时，当地人会制作数个"旺代奶油圆球蛋糕"与信徒们分享。这个外形很类似奶油吐司面包的"旺代奶油圆球蛋糕"现在成了结婚典礼上的蛋糕，由新娘切片后分送给大家。其实"旺代奶油圆球蛋糕"的外形并不特别，只是在香味上多加了橘子香精，所以滋味更为香甜，而且面包如土司般质地柔软。

在普瓦图及旺代区，还有一道更著名、带点爵士浪漫的"法式奶酪蛋糕"（Tourteau fromagé），也是茶余饭后的必备甜点。以羊奶酪、新鲜液体奶酪（Crème fraîche）与鸡蛋、面粉、糖等混合在一起烤成的表面为黑色圆塔形的法式奶酪蛋糕，外黑内白，煞是好看，感觉有点 Jazz，纯黑与纯白的感性境界。如果可能，我会更希望你

感觉有点 Jazz，纯白与纯黑的感性蛋糕——法式乳酪蛋糕。

们在巴黎的 SUNSET——Jazz Club 里，边听萨克斯风演奏，边吃法式奶酪蛋糕，因为 SUNSET 连招牌都是黑白相间的……

羊奶酪的魅力

喝过罗亚尔河谷区白酒的人，都不会忘记它口感的清澈与醇美，如干型白酒 Vouvray 或 Touraine。前者的酒体需要等上几年，方可达到成熟的境界；经过几年的存放后，其酒色金黄，富花果香。后者除了干型白酒外，也生产红酒与粉红酒，但是通常不耐久放，宜趁新鲜时饮用。

我个人倒是非常喜欢 Saumur-Champigny。除了红酒、粉红酒的产品外，近来它还生产一种气泡酒，口感略显干烈、强劲，有时可拿来代替香槟。

近年来，Saint-Maure de Touraine 在法国掀起了一阵旋风，所有杜尔的传统羊奶酪，诸如 Ligueil 或 Louches，全都被它比下去了。只要随意绕一下斗大的杜尔城，一定不难发现十个人中有九个都在吃羊奶酪，而剩下的一个可能根本不吃奶酪，由此可见羊奶酪的魅力在当地影响之极。我也是对羊奶酪极度疯狂的人，通常不分四季，冰箱里一定要有一盒如发霉湿木干的 Saint-Maure 羊奶酪。这个外表如发霉中毒死尸的青蓝色 Saint-Maure，口感柔软绵细，搭配 Foué 面包及 Chinon 的红酒都不错。

这个有着"法国花园"美誉的罗亚尔河谷区与以甜点、鸭肉闻名的中央区，是喜爱与大自然美景做伴的你最好的野餐地点。还有什么比在此享受一顿丰盛的美酒佳肴更让人跃跃欲试呢？

外形如发霉死尸的 Saint-Maure 羊奶酪。

Les Cuisines Régionaux
藏起来的……美味——
奥佛涅（Auvergne）／利慕赞（Limousin）

　　法国有一句俗语："奥佛涅人拥有墙与土！"这句意指奥佛涅人拥有法国大部分的土地与巴黎的啤酒店。但是，身为百万富翁的奥佛涅人，却是地道的守财奴，不像有钱的犹太人喜欢将 Money 这个字挂在嘴边，而是愿做粗衣粗食、日常行为与

一般平民百姓无异的"隐形有钱人"。奥佛涅人
在法国的评价如同意大利的黑手党，喜欢金钱和
漂亮的女人，重视家庭。

St-Nectaire

Limousin

Côtes
d'Auvergne

包裹起来的美味

奥佛涅是地道的山区，当地最重要的三项食物是
培根、火腿及白叶卷心菜。经由奥佛涅人的想象力，这
三项材料变成高丽菜包肉（Choux farci）。法国人给这道菜取了个别名——"被囚
禁的奥佛涅人"，因为这道菜中那被层层高丽菜叶包裹的肉馅，如同充满了铜臭味
的奥佛涅人。

但是，奥佛涅人也喜欢吃，也更喜欢将他们的创造力、想象力与对美食的鉴赏
力运用到料理本身，再融入奥佛涅的好客精神，使得奥佛涅的料理不但外形别出心
裁，分量也相当可观。

奥佛涅料理主要有两种素材，其一为马铃薯，另一个则是猪肉。除了做小猪的
食物外，马铃薯也在奥佛涅的料理中扮演决定性的角色。比如最受欢迎的"蔬菜烧
肉汤"（Potée），便是以马铃薯、红萝卜、"高丽菜包肉"及猪脚、猪肉等材料混
煮成，味道浓郁鲜美。

在奥佛涅的料理中，还有一道光看就让我垂涎三尺的"羊肉包牛肉卷"（Falettes）。
鲜艳欲滴的肉汁，在金黄的扁豆、火红的红萝卜与如白玉的洋葱搭配下，更激起我无
限想吃的欲望。为什么想吃
呢？首先是因为奥佛涅料理
总喜欢"包扎"食物。如"高
丽菜包肉"外表看来是一颗
平凡无奇的高丽菜，但切开
后却光芒毕现。同样地，外
观看来像我们火腿叉烧肉的
"羊肉包牛肉卷"，也是先
将调好的牛肉馅厚厚地平铺

在羊胸肉片上，再将其卷成圆筒形，以麻线紧紧包扎起来。

从外表瞧不出端倪的"羊肉包牛肉卷"，如同"高丽菜包肉"，或者更贴近凡事不喜欢明目张胆表现的奥佛涅人，总是把最好的东西留到最后才显露。所以，如果不将"羊肉包牛肉卷"切片，是无法吃出个所以然的。

富巧思的面包

奥佛涅不仅菜式新奇，连龟壳背面包（Gruau Auvergnat）都长得很特别，像一朵巨大的香菇或龟壳背。还记得马奈的那幅"草地上的午餐"吗？青山环绕的奥佛涅人，非常喜欢到郊外踏青。尤其是春暖花开时，带着心爱的人，手提一个大篮子，

层层包裹起来的美味——高丽菜包肉。

被扁豆与羊肉囚禁的"羊肉包牛肉卷"。

里面装满火腿、St-Nectaire 牛奶酪、Côtes d'Auvergne 红酒及自制的三明治。这种以龟壳背面包做成的三明治，在法国蔚为流行，无论在鸡尾酒会或品酒会中，都是必备咸点。

这种三明治的做法是先将龟壳背面包那硬如龟壳的帽子切开，再将内部的面包完整地沿面包壳边切开，取出吐司面包部分，切成大小均等的面包片后，内夹火腿、起司等馅料，再照原形排放回挖空的面包壳内，最后盖上面包龟壳盖子。

这极富巧思的"龟壳背面包三明治"，又是得自奥佛涅人的巧思。

  曾经让法国国王路易十四及有美食国王之称的"太阳王"俯首称臣、折服于其魅力的，正是众所皆知的牛奶酪 St-Nectaire。它的名字是来自那位大名鼎鼎的军官亨利·圣内荷（Henri de St-Nectaire）。圣内荷亲自将这块默默无闻的奶酪呈给当时最好吃的国王"太阳王"，一夕成名万人知，因而以 St-Nectaire 命名了这个奶酪，以纪念这位军官。St-Nectaire 口感丰富，略带核桃香味，搭配水果味丰富但口感顺滑易饮的红酒 Côtes d'Auvergne 最为适合。

  不过，无论哪一道菜，与利慕赞的牛肉比起来，还是逊色很多。

利慕赞人的美食血液

法国有两大牛肉最为人称颂，一是尼非内地谷（Val du Nivernais）的夏隆内白牛，另一个则为利慕赞的红牛。利慕赞的红牛肉通常分成三级：一为阉割过的小牛，通常在十五个月内就送去宰杀，即一般美国市面上流行的 Babybeef；另一种是未阉割的小牛，通常最多不会超过十八个月就送进屠宰场；再者为成年的牛，约需三至五年的时间，这种牛肉现在愈来愈少见了。

除了好吃的牛肉，利慕赞还有一道非常受欢迎的甜点——"樱桃奶油派"（Clafoutis），这种派采用利慕赞当地生产的新鲜黑樱桃为原料，加奶油面糊烤成。

一位法国糕饼师傅曾对我说："能成功地抓住樱桃奶油派精神的，只有利慕赞人。因为，成功的樱桃奶油派，首先要求有利慕赞当地生产的新鲜黑樱桃，而只有这种黑樱桃才带有一种独特而与众不同的香气；其次是要懂得拿捏面糊的丰富性与清淡口感……但是要达到樱桃奶油派的完美境界，则需要血液中流有利慕赞人的气质。"他说得很玄，但是，当我累积了这么多年的美食经验之后，真的发现，一旦地方美食丢了根，似乎就失去那股原始的迷人魔力，变得如同嚼蜡。

利慕赞的樱桃奶油派中那股如昙花般的樱桃香、面皮柔软却绵密的口感，在我居住巴黎这几年中，始终无缘与它再接触。或许，我应该再回到利慕赞，一解我对它的相思之愁吧！

（上）硬如龟壳的 Gruau Auvergnat。
（右）流着利慕赞人血液的"樱桃奶油派"。

chapitre 5

轻松享用
法国菜

对法文一窍不通的观光客，
到了法国餐厅，面对法文菜单，
通常会如同读无字天书般尴尬，
其实，只要事先懂得法国菜
用餐的基本礼仪及步骤，
将菜肴内容弄清楚，
就八九不离十了……

Apprécier la Cuisine Française
看懂菜单其实很简单

对法文一窍不通的观光客，到了法国餐厅，面对法文菜单，通常会如同读无字天书般尴尬，若是一个菜一个菜地问，只会招致餐厅侍者背后的窃笑，觉得此人不懂得法国的用餐基本礼仪；若是半天不吭一声，又见侍者毕恭毕敬地立在桌旁；但若拿字典出来查，又有太多生字，一时之间，竟然不知如何是好，方才体会钱也不是万能的。

其实，只要事先懂得法国用餐的基本礼仪及步骤，详读该地区的特产及地方菜的名称，将菜肴内容弄清楚，再把以下的几个步骤读懂，就八九不离十了。

一般而言，法国菜分为"开胃菜"（Hors-d'oeuvre）、"前菜"（Entrée）、"主菜"（Plat）、"奶酪"（Fromage）、"甜点"（Dessert）五大项；而"主菜"又分海鲜类（Poisson）及肉类（Viande）两组选择。

高级的法国餐厅都会提供特别的季节菜单，如153页菜单范例上所显示的"冬季套餐"（Menu d'hiver），或者更别致的"品尝套餐"（Menu dégustation），通常后者的分量较普通套餐要少，但种类更多，并且都是该餐馆的代表菜。到了乡下地区，会有所谓的"地区套餐"（Menu régional），强调以该地区特产做出的地方佳肴。另外还有为招揽食客而设立的"中午套餐"（Menu déjeuner）。

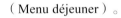

在"套餐"中，一般都依开胃菜、前菜、主菜、奶酪、甜点的顺序排列。前菜多为海鲜，主菜则为肉类。若不想吃太多，或不喜欢套餐的菜色，可以选择较富有变化性的"菜单"（Carte）。

"菜单"的排列顺序如同套餐，只是在最后一项加了咖啡（Café）。

法国餐厅通常还会独立出一本酒单（Carte du vin）。我建议由口味淡、爽口的白酒或香槟开始，再依

上菜的顺序与菜色转为口感浓烈的红酒。一般而言，前菜多为海鲜类，所以搭配白酒或粉红酒最为适宜；主菜若为肉类，通常搭配红酒最为适当；之后的奶酪，可依个人需要选择搭配水果或香料；最后的甜点则搭配以贵腐型的甜白酒或一般甜白酒为最佳选择。通常在咖啡之后，男士还可以点一杯干邑酒作为完美的用餐句点。

要观察一个餐厅的菜单够不够水平，由它开出的菜单"平衡与否"即可判断。通常一份够水平的菜单在"数量"、"一流原料的选择"、"菜色的变化"三方面都得考究。数量方面，从开胃菜、前菜、主菜、奶酪到甜点，每项维持五至七种选择，太多会造成餐厅的原料质量不佳，有存货的可能性。此外，原料的选择必须是最好的，如153页的菜单中，采用珍贵的原料"佩里戈尔松露"制成"佩里戈尔松露扇贝糕"（Damier de truffe du Périgord et coquilles Saint-Jacques），还有珍贵稀少的"布列塔尼龙虾"（Homard breton）及"闪光鲟鱼子酱"（Caviar Sevruga）等。菜色变化方面，大胆富有创意是名厨的必备条件。

在亚伦·巴萨德的这份菜单中，那不可思议的"冷水熏鸡"（Poulet de Janzé au foin）、化腐朽为神奇的"十二种口味的糖腌西红柿"（Tomate confite farcie aux douze saveurs）等，足以展现厨师的才华。

"吃"美食虽是无与伦比的乐趣，但"读"菜单，研究每道菜的组成材料、想象它的色泽与口感，更是一种无上的快乐。如果能够更进一步窥视厨师背后的思想，那可真是达到忘我的境界了。

如"迷迭香酸甜蔓菁和布列塔尼龙虾"（Homard breton et navet à l'aigre-doux au romarin）这道菜，使用原料为布列塔尼龙虾及蔓菁，颜色为红、绿、白，口味则是酸甜中略带迷迭香。在法国的菜单中，每一道菜都清楚地标示着原料、色泽，甚至口感，绝没有混淆不清的情形，对点菜的人来说非常方便。

下面列出一些常用的原料名称，帮助大家在轻松读懂菜单的同时更能享受法国美食：

agneau：羔羊

anis étoilé：八角茴香

araignée de mer：蜘蛛蟹

blancs de poireau：韭葱的葱白

café：咖啡

canard：鸭

caramel：焦糖

cardamome：豆蔻

caviar Sevruga：闪光鲟鱼子酱

châtaigne：栗子

chocolat：巧克力

chou-fleur：花椰菜

citron：柠檬

citron vert：绿色柠檬

cochon de lait：乳猪

coquilles Saint-Jacques：扇贝

crème de truffe：松露奶油

datte：枣

dragée：糖衣杏仁

endive：苦苣

feuilles de laurier：月桂叶

foie gras de canard：肥鸭肝

fromage：奶酪

genièvre：刺柏果实

gingembre：姜

Graves blanc：Graves 白葡萄酒

homard breton：布列塔尼龙虾

huître：生蚝

hydromel：蜂蜜水

jus de truffe：松露汁

lait d'amande：杏仁奶

langouste：龙虾

langoustine：海螯虾

lapin de garenne：野兔

navet：蔓菁

oeuf：蛋

palourdes：缀锦蛤

Parmesan：意大利奶酪名

persil：香芹

pigeonneau：小鸽子

poire：梨

pomme：苹果

poulet：鸡

praliné：撒有糖的杏仁屑

quasi de veau de lait：小牛腿肉

raisin：葡萄

ravioli de coque：意大利式饺子

réglisse：甘草汁

rémoulade：用醋与芥末调制的调味酱汁

ris de veau：牛犊胸线

romarin：迷迭香

Saint-Pierre：鱼名

sauge：鼠尾草属植物

Sauternes：贵腐甜白酒名

Sole：鳎鱼

tomate：西红柿

truffe：松露

truffe du Périgord：佩里戈尔松露

vanille：香草

vinaigre de Xérès：西班牙酒醋名

vin jaune：黄酒

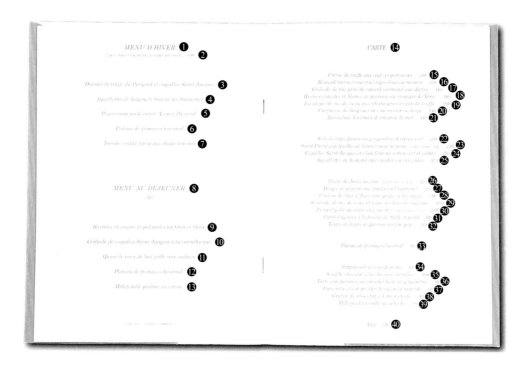

❶ MENU D'HIVER ／冬季套餐

❷ 2 personnes minimum, prix par personne 690 ／至少两人，每人价格 690

❸ Damier de truffe du Périgord et coquilles Saint-Jacques ／佩里戈尔松露扇贝糕

❹ Aiguillettes de langouste braisée au Sauternes ／索甸酒文火煨龙虾肉片

❺ Pigeonneau poêlé entier "Louise Passard" ／路易·巴萨德的烩小鸽子

❻ Plateau de fromages hivernal ／冬季奶酪盘

❼ Tomate confite farcie aux douze saveurs ／十二种口味的糖腌西红柿

❽ MENU AU DEJEUNER 320 ／中午套餐 320

❾ Ravioles de coques et palourdes au Graves blanc ／ Graves 白酒缀锦蛤饺子

❿ Grillade de coquilles Saint-Jacques à la corinthienne ／科林斯式煎扇贝

⓫ Quasi de veau de lait grille aux endives ／苦苣小牛腿肉

⓬ Plateau de fromages hivernal ／冬季奶酪盘

⓭ Millefeuille praliné au citron ／柠檬糖杏仁千叶派

⓮ CARTE ／菜单

⓯ Crème de truffe aux oeufs et parmesan 280 ／ Parmesan 起司松露奶油蛋 280

⓰ Homard breton et navet à l'aigre-doux au romarin 260 ／迷迭香酸甜蔓菁和布列塔尼龙虾 260

⓱ Grillade de foie gras de canard normand aux dattes 180 ／枣子诺曼底香煎鸭肝 180

⓲ Huîtres chaudes et blancs de poireau au vinaigre de Xérès 160 ／热生蚝 Xérès 酒醋韭葱葱白 160

⓳ Escalope de ris de veau aux châtaignes et jus de truffe 200 ／栗子牛犊胸线和松露汁 200

⓴ Carpaccio de langoustines au caviar sevruga 240 ／闪光鲟鱼子酱配海螯虾薄片 240

㉑ Rémoulade hivernale d'araignée de mer 140 ／芥末醋蜘蛛蟹 140

㉒ Sole de ligne farcie au gingembre et citron vert 260 ／青柠檬姜鳎鱼 260

㉓ Saint-Pierre aux feuilles de laurier sous la peau - 2 personnes - p.p. 240 ／月桂叶 Saint-Pierre 鱼　至少两人，每人价格 240

㉔ Coquilles Saint-Jacques et chou-fleur au citron vert et raisins 220 ／葡萄柠檬花椰菜扇贝 220

㉕ Aiguillettes de homard cuit cambré au vin jaune 320 ／黄酒煮龙虾肉片 320

㉖ Poulet de Janzé au foin - 2 personnes - p.p. 220 ／冷水熏鸡　至少两人，每人价格 220

㉗ Dragée de pigeonneau vendéen à l'hydromel 280 ／糖衣杏仁蜂蜜水旺代小鸽子 280

㉘ Cochon de lait d'Auvergne piqué à la sauge 240 ／鼠尾草香奥佛涅乳猪 240

㉙ Grillade de ris de veau et poire au bois de réglisse 300 ／香煎牛犊胸线和甘草梨 300

㉚ Canard poêlé au citron et genièvre - 2 personnes - p.p. 260 ／刺柏柠檬烩鸭　至少两人，每人价格 260

㉛ Carré d'agneau à la fondue de truffe et persil 320 ／香芹松露烩羊肉块 320

㉜ Tourte de lapin de garenne au foie gras 260 ／鹅肝野兔圆馅饼 260

㉝ Plateau de fromages hivernal 80 ／冬季奶酪盘 80

㉞ Parfait café à la cardamome 60 ／豆蔻咖啡 60

㉟ Soufflé chocolat à la chicorée torréfiée 100 ／烤菊苣巧克力发糕 100

㊱ Tarte aux pommes au caramel lacté et gingembre 80 ／焦糖苹果塔 80

㊲ Poire rôtie et son profiterole au lait d'amande 80 ／杏仁奶烤梨子 80

㊳ Gratin de chocolat à l'anis étoilé 80 ／八角茴香焗巧克力 80

㊴ Millefeuille vanillé au whisky 80 ／威士忌酒香草千叶派 80

㊵ Café 20 ／咖啡 20

Apprécier la Cuisine Française
享用法国菜 STEP BY STEP

前菜

❶ 切面包，将面包抵着身子，刀口由外往内切，厚度依个人喜好而定，大致以 1~2cm 厚为标准。

❷ 涂抹熟肉酱时，先以刀切下适量肉酱，再如涂奶油般均匀涂抹于面包上。

❸ 观察酒的色泽，做晃杯动作：用大拇指、食指握住杯座，以顺时针或逆时针方向转 2 至 3 次。

❹ 闻酒的香味时，不要介意将鼻子靠近酒杯边缘。

❺ 品酒时口含约满口 1/2 至 2/3 的量，做漱口动作，让酒体充分与味蕾各部接触，辨别口感后饮用。

主菜

❶ 与切面包同样的步骤。

❷ 以汤匙与刀一起夹起肉块与蔬菜。

❸ 舀汤至汤盘内。

❹ 将切下的面包撕成小块，蘸汤汁食用。

奶酪切盘

❶ 同理切面包，通常以"核桃面包"或"黑面包"最为适合。

❷ 选择喜欢的奶酪种类，以专用奶酪切刀，切适量置于盘中。

❸ 再将干杏桃丝、核桃、茴香等不同调味香料或葡萄等水果，依个人喜好选择适量放于盘内。

❹ 奶酪涂面包或配水果、香料一起食用。

甜点

吃甜点时需依种类而配汤匙或刀叉；图中的
Soufflé 发糕，绝对需趁热食用。

咖啡

在法国餐厅中，若不做特别要求，通常侍者都会
送来一杯小如鸡蛋般的 Espresso café。可依喜好
加专用的咖啡糖、白糖，但绝对不要加牛奶或奶
精。

干邑酒或雅马邑

干邑酒或雅马邑是正式法餐中不可缺少的饭后
酒，也是用餐的完美句点。饮用前先以手心捧着
酒杯，藉体热温杯，再做摇杯动作，闻香后饮用（仅
有此两种法国酒需用郁金香球杯盛酒，并做手心
温杯动作）。

附录

自己动手
做美食

餐桌是一个神圣如祭坛的地方，
它被妆点打扮成庆祝友谊与欢乐的乐园，
将大自然赐予人类的食物，
以爱与喜悦变化出一道道
充满爱与尊敬的佳肴美酒，
和所爱的人一起分享……

Les Recettes de la Cuisine
培根鸡蛋派 (Quiche Lorraine)

材料

垫底面团

面粉——250g

奶油——125g

蛋——1 颗

岩盐——1 小撮

水——3 大汤匙

馅料

培根——200g

蛋——4 颗

乳脂——300g

盐、胡椒、豆蔻——少许

做法

❶ 先准备垫底面团，将其擀成圆球状，放在冰箱中约 3 小时后取出，再擀成约 4mm 厚度的面皮；然后将面皮放入直径 22cm、事先涂好奶油、面粉的烤盘内，以刀叉戳出小洞，再放入已预热的烤箱内，以 200℃烤 12 分钟，取出后将面皮放至自然凉。

❷ 将半咸的培根肉切成细长条，将其于沸水中煮约 5 分钟取出，沥干水分，并以少许奶油煎黄。

❸ 将鸡蛋打匀，倒入乳脂，加入辛香料及炒熟的培根条。

❹ 将 3 的材料倒入放凉的面皮内，以 200℃烤 30 分钟即成。

Les Recettes de la Cuisine

勃艮第蜗牛（Escargots de Bourgogne）

材料

蜗牛——60g
奶油——50g
大蒜——3g
香菜——20g
盐——2g
胡椒——1g

位于巴黎蓬皮杜附近 Montrogeuil 街上的蜗牛专卖店——Escargot Montrogeuil 餐厅，其菜单上的招牌菜，即为四种不同味道的蜗牛料理。

通常在餐厅里，蜗牛料理连着壳，以盛蜗牛的特别铁制凹型托盘盛放；刚出烤箱的铁盘，如同我们的铁板烧的铁板，还会发出吱吱的油爆声。吃时，以类似女性夹睫毛的睫毛夹钳住蜗牛壳，再以两叉的小叉子挑出蜗牛肉食用。热热的 Sauce 裹着肥硕的蜗肉，吃时一口接一口欲罢不能。但是，小心！别因吃得太急，让热奶油烫伤了嘴。

做法

❶ 将除蜗牛外的所有材料混合，做成大蒜奶油；再将蜗牛壳洗净，每个壳放入一只蜗牛肉，然后以大蒜奶油填满。

❷ 放入已预热的烤箱，等待奶油融化、壳面呈金黄色即成。

Les Recettes de la Cuisine

苹果奶油派（Flamusse）

材料

苹果——4 个
面粉——60g
蛋—— 3 颗
牛奶——500g
糖——75g
盐——1 撮

做法

❶ 将面粉、盐、糖及鸡蛋、牛奶混合,做成面糊。

❷ 将苹果去皮、切成细片,整齐地在 7 号烤盘内呈花瓣型摆放;再将面糊倒入,在 150℃的烤箱内烤约 45 分钟后,去模,将有苹果的一面撒上糖粉即成。

Les Recettes de la Cuisine
普罗旺斯地中海鱼汤 (Bouillabaisse)

材料

鱼汤

混合的鱼，如狼鱼、海鳝、沙丁
  鱼等——3kg

洋葱——200g

青葱——100g

西红柿——3 个

大蒜——40g

茴香——1 梗

番红花——2g

百里香——1 片

干橘皮——1 片

橄榄油——20g

盐、胡椒——少许

棕色酱汁

鱼高汤——10g

马铃薯——1 个

智利干椒——2 条

大蒜——1 瓣

橄榄油——1 茶匙

鲉肝——2 片

做法

❶ 将所有的鱼切片后，浸泡在除鱼外的鱼汤
材料中；然后于大锅里加入适量的水，将
鱼及所有材料放入，以大火煮约 15 分钟即
可。

❷ 准备切片的干面包，表面涂抹蒜蓉，淋上
奶油后放进烤箱，烤至表面有些焦黄即可
取出，沾鱼汤食用。

❸ 调制棕色酱汁备用。

❹ 将鱼肉自汤中捞出，淋上棕色酱汁后食用。

Les Recettes de la Cuisine
栗子羊奶汤（Brilloli）

材料

栗子粉——40g

羊奶——500g

奶油——20g

鲜奶油（Crème）——500g

盐——3g

豆蔻——1g

Brilloli 是牧羊人发明的"栗子羊奶汤"。因由羊奶加上栗子粉熬煮而成，表面会形成闪闪发亮的白光，所以在科西嘉以 Brillare(闪亮) 一字来称呼。

做法

❶ 将奶油放入锅内煮热融化。

❷ 加入栗子粉、羊奶、盐、豆蔻煮 20 分钟。

❸ 最后加入鲜奶油再煮 10 分钟。

Les Recettes de la Cuisine

鲜浓西红柿洋葱炖肉 (Stufatu)

材料

兔肉——2 块

松鸡肉——2 块

西红柿——6 片

奶油——50g

洋葱——1 个

大蒜——20 瓣

香菜——1 把

百里香——1 株

月桂叶——3 片

白酒——500ml

橄榄油——20g

意式宽面条 Tagliatelle——500g

Brocciu 羊奶酪——100g

做法

❶ 将兔肉、松鸡切块。

❷ 在已切块的肉中倒入橄榄油，加入切片的洋葱及压碎的大蒜，倒入白酒；再加上切成四瓣的西红柿及香菜、百里香、月桂叶，加盖，放入 220℃的烤箱中烤制约 2 小时。

❸ 在沸水中加入 Tagliatelle 面条煮约 6 分钟，捞起后沥干水分；再加入奶油与压碎的 Brocciu 羊奶酪搅拌均匀。

❹ 完成后，在大碗容器中一层肉、一层面地均匀堆放四层。

Les Recettes de la Cuisine
柠檬奶油蛋糕（Fiadone）

材料

面团

蛋糕面粉——250g

鸡蛋——2 枚

奶油——100g

盐——1g

糖——75g

橘子香精——1/2 茶匙

馅料

鸡蛋——4 枚

Brocciu 羊奶酪——100g

柠檬——1 个

Eau-de-vie 白兰地——40ml

糖——40g

做法

❶ 先做面团：在蛋糕面粉中间做出一个凹陷，并打入 2 枚鸡蛋；再一边混合两者一边加入奶油切块及糖、盐、橘子香精等，然后静置 30 分钟。

❷ 将面团擀成 5mm 厚的面皮，铺在涂了奶油及面粉的烤盘中，置入 180℃的烤箱烤 10 分钟。

❸ 再做馅料：将蛋白与蛋黄分开，并将蛋白分为相等的两份；先将一半蛋白加糖后打至蓬松，暂置一旁。

❹ 另一半蛋白则与蛋黄混合，加入柠檬汁与切碎的柠檬皮、白兰地混合。

❺ 将❸与❹的材料混合，小心倒入烤盘的面皮内，再放入 180℃的烤箱里烤制约 30 分钟。

❻ 出炉后撒上糖粉。

Les Recettes de la Cuisine

鸭肝冻（Terrine de foie gras de canard）

材料

鸭肝——1kg

胡椒——3g

糖——1g

盐——13g

Armagnac 酒——10g

玉米面包——1 个

Pacherenc du Vic Bilh 酒——1 瓶

做法

❶ 先将鸭肝的筋挑出，再与其他材料混合后腌制一个晚上。

❷ 将腌制过的鸭肝填入一只长形的模具中，放在炖锅中隔水煮至表面呈深乳色，再放入 160℃的烤箱中烤约 20 分钟。冷却后将凝固的鸭油取出，待稍融化成液状，以滤网滤过，最后淋在鸭肝上即成。

❸ 与烤玉米面包搭配 Pacherenc du Vic Bilh 酒 一 起食用。

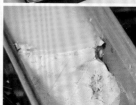

Les Recettes de la Cuisine
油炸糖糕 (Merveille)

材料

面粉——500g

蛋——4 颗

奶油——150g

Armagnac 酒——40g

盐——1g

糖——30g

冰糖——50g

佩里戈尔有一种类似油炸糖糕的 Merveille。在普罗旺斯，人们以橄榄油炸制而成，但是在蓝德却以鹅油混合面粉，做成类似油酥饼干的甜点。传统上，在法国中部，人们会在嘉年华时制作这种略带烧酒味的"油炸糖糕"，做成三角形或圆形，洒上糖粉后即可食用。

做法

❶ 将所有的材料依序混合后，做成面团，放入冰箱中静置 2 小时。

❷ 将面团擀成 5mm 厚的面皮，并裁成圆形或三角形，放入 180℃的烤箱中烤 20 分钟。

❸ 出炉后撒上糖粉即可。

Les Recettes de la Cuisine

阿卡雄生蚝（Huître d'Arcachons）

材料

阿卡雄生蚝——48 个

柠檬——4 片

红酒醋——500g

红葱头——150g

Échiré 奶油——2 个

黑麦面包——1 条

白酒—— 1 瓶

做法

❶ 将生蚝小心地打开，空的蚝壳去掉；取出蚝肉，洗净后放回壳内，并放置于碎冰上保鲜。

❷ 将一些红葱头剁碎后，加入红酒醋调配成 Sauce。

❸ 再搭配面包、Échiré 奶油、白酒食用。

Les Recettes de la Cuisine
扁豆菜肉汤 (Elzekaria)

材料

白扁豆——400g

白甘蓝菜——1/4 个

洋葱——1 个

培根——150g

鸡汤——4l

大蒜——8 瓣

红酒醋——10g

鹅油——10g

做法

❶ 将白扁豆放入水中浸泡（时间视扁豆的新鲜程度而定，颜色愈黄浸泡的时间愈短）。

❷ 将切片的洋葱、切成细条的白甘蓝菜、切成丁的培根、大蒜、沥干的白扁豆及鹅油一起放入鸡汤中煮约 1.5 小时至 2.5 小时。

❸ 最后加入少量的醋即成。

Les Recettes de la Cuisine

布列塔尼奶油扇贝 (Coquille St-Jacques à la bretonne

材料

扇贝

扇贝——4 个

虾子——8 只

香菇——16 朵

红葱头——4 个

盐、胡椒——少许

布列塔尼调味酱

奶油——30g

洋葱——1 个

西红柿——8 个

大蒜——2 瓣

荷兰芹——30g

白酒——500ml

盐、胡椒——少许

做法

❶ 先将扇贝打开，取出贝肉，洗净后放回壳内。

❷ 调制调味酱：在热锅中放入奶油，再加入切片洋葱炒制，倒入白酒；等酒蒸发些许后，放入切成 1/4 大小的西红柿、大蒜，等 20 分钟充分混合后，再加入奶油、盐及胡椒，最后加入香芹。

❸ 将虾去头、壳，每个扇贝内放入 2 只。

❹ 将每只香菇切成 1/4 大小，在加入奶油的锅中快炒后取出，并分别放在每只扇贝上。

❺ 在每只扇贝上浇上 Sauce，放在 220℃ 的烤箱中烤约 20 分钟，取出后洒些荷兰芹即可。

Les Recettes de la Cuisine

蓝姆酒可丽饼 （Crêpe bretonne au rhum）

材料

面粉——250g

鸡蛋——3 枚

牛奶——500g

奶油——50g

Calvados 苹果烧酒——20ml

香草——1 条

糖——100g

盐——1g

蓝姆酒——少许

做法

❶ 将面粉、鸡蛋、香草、牛奶及盐充分混合，加入苹果烧酒。

❷ 在锅中放入奶油块，再淋上 50ml 的面糊，等到表面略膨胀后翻转。

❸ 等到面皮表面略呈金黄后，小心地浇入少许蓝姆酒，等火灭后，置放在盘上。

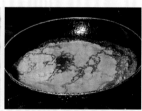

Les Recettes de la Cuisine

胖嘟嘟的小母鸡母亲的煎鸡蛋卷
（Omelette de la mère poularde）

材料

鸡蛋——12 枚

鲜奶油（Crème）——40g

奶油——50g

盐——8g

胡椒——2g

做法

❶ 将蛋白与蛋黄分开，将其中 4 个蛋白打至发泡。

❷ 其余 8 个蛋白和所有的蛋黄充分混合。

❸ 将液体奶油倒入❷ 中，加入盐、胡椒，再加入❶（打至发泡的蛋白），均匀地混合。

❹ 将锅加热后，放入奶油。

❺ 在锅中倒入❸（已混合的蛋液），一边慢慢转动锅使其均匀受热，一边以木勺搅拌至蛋液凝固。

❻ 将凝固的蛋饼其对折，放入盘中，并将蛋饼四周小心地修成半圆形。

Les Recettes de la Cuisine

卡恩式牛羊猪肚 (Tripe à la mode de Caen)

材料

牛脚——2 块

牛羊肚——2kg

洋葱——500g

红萝卜——500g

马铃薯——8 个

Calvados 苹果烧酒——30ml

Cidre 苹果酒——5l

大蒜——4 瓣

面粉——少许

百里香——3 株

月桂叶——3 片

青葱——300g

香芹——100g

牛油——200g

岩盐——15g

胡椒——4g

中国五香粉——2g

四川菜里有一道著名的"五更肠旺",在诺曼底,则有一道与之匹敌的"卡恩式牛羊猪肚"。事实上,全法国各省都有"牛羊猪肚"这道菜。但是,真正在这道菜的处理方式上赢得美誉的却只有"卡恩式牛羊猪肚"。当地人在料理中都不忘记加入地方的特产——"苹果烧酒"及"苹果酒",以增添特殊的苹果香味,而"卡恩式牛羊猪肚"自然也不例外。

做法

❶ 在大锅底部先放上切成圆片的洋葱及红萝卜,再放入切成对半的牛脚,并加入切成 5cm 见方的牛羊肚。

❷ 加上大蒜、月桂叶、百里香、岩盐、胡椒、五香粉等香料及青葱。

❸ 再将分成小块的牛油置于锅内。

❹ 倒入苹果烧酒及苹果酒,煮开后加入水及少许面粉勾芡,并不停搅拌。

❺ 再放入 140℃的烤箱中烤 10 小时。

❻ 将牛羊肚、红萝卜、牛脚及月桂叶、百里香等香料取出;剩下的汤汁煮到浓稠时,再加入牛羊肚、红萝卜,以及去骨、切成小块的牛脚和蒸熟的马铃薯。

❼ 最后加入切细碎的香芹。

Les Recettes de la Cuisine
梨子千层酥（Douillons）

材料

面团

面粉——500g

奶油——350g

鸡蛋——2 枚

牛奶——3 茶匙

糖——20g

盐——1 茶匙

馅

梨子——8 个

奶油——80g

调味汁

鲜奶油（Crème）——500g

做法

❶ 将面团的材料充分混合，做成圆球状，并放入冰箱保鲜。

❷ 将梨子去皮，由底部挖出梨仁，再塞入奶油，并在 190℃的烤箱中烤约 10 分钟。

❸ 将面团擀成 2mm 厚的面皮，并均匀分为 8 块，并在边缘沾水后放烤好的梨子呈金字塔形包裹起来，以少许蛋黄汁及少许奶油涂到表面，并于表面画上方格斜线。

❹ 将❸放在 190℃的烤箱中烤约 30 分钟。

❺ 趁热和鲜奶油一起食用。

Les Recettes de la Cuisine
杜尔熟肉酱 （Rillettes de Tours）

材料

兔子——4 只

肥肉——1400g

猪油——80g

白酒——40g

Eau-de-vie 白兰地——50g

大蒜——8 瓣

百里香——1 株

丁香——4 个

盐、胡椒——少许

白纱布——1 块

杜尔人将人生的哲理与省思巧妙地融入特殊的猪肉料理中。当地非常有名的是"猪仔三部曲"的料理："猪、鹅炸油后的油渣"、"熟肉酱"及"香肠"。其中以"杜尔熟肉酱"最受文豪巴尔扎克青睐，他曾将其比喻为"棕色的果酱"。

做法

❶ 将兔子切块，肥肉切成丁；再把猪油放在炖锅中加热融化，加入兔肉等。

❷ 按照 1kg 肉搭配 20g 盐的比例将盐加入❶中。

❸ 将大蒜、百里香、丁香放入白纱布内绑紧，置于锅中，再倒入白酒及白兰地；盖上锅盖，以小火煮 4 小时。

❹ 打开盖子，将香料包、兔肉取出，去骨，再将肉放回锅内加热，其间不停地搅拌到熟透；然后放置一旁待凉。

❺ 将肉及油脂充分混合均匀，再放入粗陶壶器皿中，用沸水浸泡即可。

Les Recettes de la Cuisine

法式奶酪蛋糕（Tourteau fromagé）

材料

面团

面粉——250g

奶油——125g

蛋黄——1 个

水——2 茶匙

盐——1g

馅料

新鲜羊奶酪——250g

蛋白——5 个

蛋黄——5 个

玉蜀黍粉——30g

白兰地——1 茶匙

橘子水——1 茶匙

糖——125g

盐——1g

做法

❶ 将面团揉成富有弹性的状态后，制成球状，放入冰箱中保鲜 2 小时。

❷ 将面团擀成 3mm 厚的面皮，放入擦好奶油、抹上面粉、直径约 20cm 的烤盘内，在烤箱中以 200℃烤 12 分钟。

❸ 将奶酪与打得非常蓬松的蛋白混合，再把所有的馅料小心地倒入模型内，以 200℃烤 50 分钟。热食或冷食皆宜。

Les Recettes de la Cuisine
樱桃奶油派（Clafoutis）

材料

馅料

樱桃——500g

糖——50g

面团

面粉——125g

鸡蛋——3 枚

牛奶——30g

奶油——适量

盐——1g

糖——50g

糖粉—— 20g

做法

❶ 将樱桃去核后撒上糖，静置 30 分钟。

❷ 将面团的材料充分混合。

❸ 将 7 号烤盘擦好奶油、抹上面粉，再放入樱桃，并将面糊倒入，在 180℃的烤箱中烤约 40 分钟。

❹ 出炉后撒上糖粉。

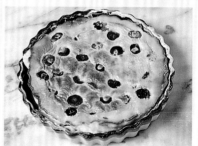

Les Recettes de la Cuisine
高丽菜包肉 (Chou farci)

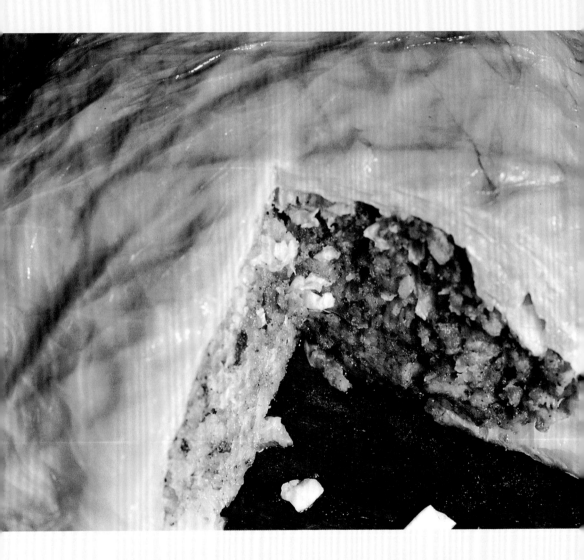

材料

高丽菜——1 个

瘦肉——200g

肥肉——200g

培根——300g

红萝卜——150g

洋葱——150g

盐、胡椒——少许

鸡汤——1 罐

豆蔻——少许

细纱布——1 块

做法

❶ 将整株高丽菜以沸水烫过，放凉后沥干，并将高丽菜的梗去掉。

❷ 将细纱布浸湿，将整个高丽菜放在布的中心，再将菜叶一片片剥开，取出菜心部分，并将菜心切成细条。

❸ 将瘦肉、肥肉加上高丽菜心细条一起绞碎后，混入少许豆蔻、盐及胡椒。

❹ 将❸放入挖空的高丽菜中。

❺ 再将高丽菜聚合起来，然后将两片培根呈十字形放置于高丽菜叶上，以浸湿的细纱布包扎好高丽菜，以细绳绑住封口。

❻ 在炖锅中先放入红萝卜及切成丁的洋葱，再放入高丽菜；倒入煮沸的鸡汤，然后盖上锅盖，放入烤箱中，以200℃烤2小时。

❼ 取出细纱布包，解开绳子，将高丽菜叶用手聚拢，再加压挤出菜汤即可。

图书在版编目（CIP）数据

寻味法国：摄影师的美食之旅／彭怡平著.
—北京：中央编译出版社，2013.12
ISBN 978-7-5117-1851-8

Ⅰ.①寻… Ⅱ.①彭… Ⅲ.①饮食—文化—法国 Ⅳ.①TS971

中国版本图书馆 CIP 数据核字（2013）第 257815 号

彭怡平作品集

寻味法国——摄影师的美食之旅

出 版 人：刘明清
出版统筹：薛晓源
责任编辑：廖晓莹
责任印制：尹 珺
出版发行：中央编译出版社
地　　址：北京西城区车公庄大街乙5号鸿儒大厦B座（100044）
电　　话：（010）52612345（总编室）　（010）52612342（编辑部）
　　　　　（010）66161011（团购部）　（010）52612332（网络销售）
　　　　　（010）66130345（发行部）　（010）66509618（读者服务部）
网　　址：www.cctphome.com
印　　刷：深圳市佳信达印务有限公司
成品尺寸：170毫米×230毫米　12.5印张
版　　次：2013年12月北京第1版
印　　次：2013年12月第1次印刷
印　　数：4000册
定　　价：68.00元

本社常年法律顾问：北京市吴栾赵阎律师事务所律师 闫军 梁勤